Max-Rudolf Müller

M wie Matthias Claudius, M wie Mond

Max-Rudolf Müller

M wie Matthias Claudius, M wie Mond

Matthias Claudius, die Moderne und mehr
eine Bestandsaufnahme nicht nur für aufgeschlossene Jugendliche

für Jacek, Valerie und Carola

Inhalt

Einführung

1. Hinführung

*Wer geht, sieht mehr als wer fährt. Ich halte den Gang für das Eh-
renvollste und Selbständigste in dem Manne. Ich bin der Meinung,
dass alles besser gehen würde, wenn man mehr ginge.*
(Johann Gottfried Seume: Spaziergang nach Syrakus)

Anlässlich meines sich zu Ende neigenden siebten Lebensjahrzehn-
tes rekapitulierte ich noch einmal die im letzten Halbjahr des De-
zenniums gelesene Literatur und von dieser Literatur wiederum
exzerpierte ich nur diejenigen Stellen, mit denen ich wohl immer
etwas werde anfangen können. Es sind Bruchstücke aus Wissenschaft, Kunst, Philosophie und Theologie, die natürlich in ihrer Re-
zeption meine ganz persönliche Signatur aufweisen.

Ich entschied mich dann, das Exzerpierte – möglichst historisch
und systematisch geordnet – nicht nur als erledigt abzulegen, sondern es auch für meine Kinder als ein stark subjektiv gefärbtes Lexikon wichtiger einschlägiger Begriffe und bemerkenswerter
Denkmäler aus Wissenschaft und Kultur bereitzustellen oder –
wenn man so will – es als Steinbruch anzubieten, in dem sie nach
Belieben sollten wirken und wüten können.

Der nächste Schritt erfolgte dann beinahe wie von selbst: eine Ver-
öffentlichung zu bewerkstelligen für jeden des Lesens Fähigen, für
jeden des Wissens Begierigen, für jeden um den Lebenssinn be-
mühten Jugendlichen. Damit stellte sich sozusagen wie von selbst
etwas ein, das für alle, die schreiben, ein bekanntes Phänomen ist:
Das eine treibt das andere aus sich hervor. Das aber hieß im Kon-

kreten: Der Wissensakkumulation sollte ein anderer Teil korrespondieren. Auf der einen Seite also Spuren, die auf ein Wissen verweisen – Spuren, die zu einer, oder besser, zu vielen großen Kulturschöpfungen führen und sozusagen nur die Fährte dahin legen sollen, eine Fährte in die Vergangenheit, die immer eine Wirksamkeit hat auf Gegenwart und Zukunft – und auf der anderen Seite dann der erinnerten Vergangenheit gegenüber der Ausblick auf eine wie auch immer antizipierte Zukunft. Wichtiger jedoch als eine große Spekulation schien mir persönlich das Betonen dessen, was auch in Zukunft Tragfähigkeit atmen kann, und zwar als Spiritualität und Glauben.

Um diesen Aspekt zu erfassen, bot sich mir ein Text an, den ich vor circa zehn Jahren geschrieben hatte, in Auseinandersetzung mit Matthias Claudius. Claudius schrieb 1799 ein Testament mit dem Titel »An meinen Sohn Johannes«, gleichsam ein Vermächtnis eines Boten einer Weltsicht aus ganz besonderer Perspektive. Ein weiterer Grund für die Hinwendung zu Claudius war, dass sich in dem von mir Exzerpierten des letzten Jahrzehnts Auszüge fanden, von ausdrücklichen Betrachtungen des besagten Autors zu den Religionen und darunter natürlich zu der christlichen Religion.

Zwei Teile standen sich nun gleichsam gegenüber: hier Rückblick und dort mit testamentarischem Blick geschärfte Erfassung des Lebens und seines Sinnes in zu gestaltender Gegenwart und zu erwartender Zukunft. Dazwischen drängte sich dann ein dritter Teil – auch wieder wie von selbst –, nämlich die tatsächlich zu bestreitende Gegenwart mit ihrem unvorstellbar großen Reservoir an Phänomenen, deren mannigfaltige Disparatheit sich widerspiegelt in beinahe ebenso mannigfaltig heterogenen »Theorien« menschlichen Selbst-, Welt- und Gottesverständnisses.

Wir haben nun also drei Teile: Erstens eine im Wissen von großen Theologien, von großen Philosophien, von großen Wissenschaftlern und von großen Schriftstellern und Künstlern erinnerte Vergangenheit, zweitens eine im Leben erfahrene Gegenwart (dargestellt durch das Alphabet im mittleren Teil des Buchs) und drittens eine bestehende und gleichzeitig ausstehende Zeit – eine Zeit der utopisch und vor allem eschatologisch verstandenen Zukunft –, die gestaltet sein will im politischen Gemeinwillen von vielen zur Vernunft kommenden Einzelwillen, die letztlich ihre Kraft aber nur empfangen können aus einem sittlichen und einem vor allem religiösen Bindungswillen einer Macht gegenüber, die Claudius einfach akzeptierte als etwas Positives und als etwas durchaus Vernünftiges, da aus einer verheißungsvollen Zukunft heraus schon das hiesige Leben sinnvoll gestaltet werden kann.

2. Die IV Teile in Umrissen

Teil I im Umriss

Hat das Buch insgesamt eher ein clustermäßiges Vorgehen, so ist dies besonders für dessen ersten Teil der Fall. Hinter all den verschiedenen Gebieten und hinter allen einzelnen Momenten wirkt jedoch unsichtbar eine leitende Hand. Wie wird nun vorgegangen? Nun: Begriffen aus der Physik folgen Darstellungen von Kunstwerken der Geschichte, die man mit eigenen Augen wahrnehmen kann, es folgen kurze Zitate, Gedichte und spirituelle Reflexionen. All dies rundet sich ab mit Begegnungen von philosophisch-theologisch grundsätzlichen Begrifflichkeiten. Zum Staunen veranlasst die Natur, zur Reiselust lädt die Kunst ein, die Dichtung lädt ein zur Besinnung und die Philosophie wiederum lädt ein zu ihrer ihr eigentümlichen Besinnungsart.

Einiges wird dogmatisch vorgesetzt – nicht vorausgesetzt! – und fordert im Selbststudium zu weiterführender Auseinandersetzung und Kritik auf.

Der geheime Mittelpunkt des Ganzen ist selbstverständlich offenbar, aber das Spektrum ist doch weit angelegt, sodass keine Beklemmungen auftauchen können, sondern eher Anregungen aufblitzen. Über den Zank des Alltags hinaus gibt es anderes und Wegweisendes.

Der Zank tritt ja besonders im zweiten Teil auf. Hingegen wird er auf höherer Ebene auch im dritten Teil sichtbar. Es geht dort letztlich um die noch heute bewegende Frage nach der Transzendenz und Personalität Gottes, die angeblich aufgehoben ist in seiner immanenten Weltlichkeit.

Es ist müßig, noch einmal zu betonen, dass es sich bei dem Vorgestellten nur um Abbreviaturen handeln kann von demjenigen, was wissenswert ist. Zudem ist in keiner Weise auf Originalität Wert gelegt und so sind beinahe alle Gedanken wortwörtlich zitierte Gedanken aus einschlägigen Lexika und einschlägiger Fachliteratur. Wenn nicht wortwörtlich, dann sind Änderungen wegen eines flüssigeren sprachlichen Duktus vorgenommen. Den Zitaten folgen knappe Quellenangaben in Klammerform. In Klammerung erscheinen auch die Lebensdaten der meisten Autoren. Die bibliographischen Angaben finden sich im Literaturverzeichnis des Anhangs, dort werden nur die uns besonders wichtigen Werke aufgeführt.

Teil II im Umriss

Im zweiten Teil erfolgt das ausgeführte Alphabet.

Teil III im Umriss

Im dritten Teil nun wird nicht nur zitiert, sondern in der Auseinandersetzung mit Matthias Claudius auch ein wenig Eigenes beigesteuert. Dort komme ich im Abschnitt III,3b auch auf den Antipoden des dem Claudius wohlbekanntem Spinoza zu sprechen: auf Pascal – auch den kennt Claudius gut. Wie sehr unterscheidet sich doch dieser geniale Naturwissenschaftler von dem soeben erwähnten außergewöhnlich begabten Karl Philberth, wieviel mehr Vertrauen in den Kosmos hat – bei allen »Unbestimmtheiten« – Philberth als Pascal. Beide sind große Physiker. Während die neuen wissenschaftlichen Erkenntnisse der anbrechenden Neuzeit den großen Pascal eher verunsichern – Pascal selbst trägt zu bahnbrechenden Erkenntnissen in der Mathematik und der Physik bei – und er sicheren Boden in der Religion sucht, fasst Philberth gerade die Doppelbödigkeit physikalischer Phänomene in ihrer strukturellen gegenseitigen Bedingung und Bedingtheit als Beleg eines göttlichen Schöpfungsplans.

Das theologische Augenmerk ist aber nun im dritten Teil auf die oben erwähnten Antipoden gerichtet. In der Forschungsliteratur wird gar nicht so sehr auf diesen Antagonismus eingegangen, ich halte ihn nichtsdestotrotz für sehr bedeutsam, weil alle Jahrhunderte hindurch bis auf unsere Zeit an dem sich dort kundtuenden Gegensatz Wesentliches offenbart, das die modernen Menschen mehr oder minder unbewusst bewegt.

Das letzten Endes eigentliche Augenmerk ist nun die »Auseinandersetzung« mit dem testamentarischen Ansinnen von Claudius. Inwieweit ist für uns Heutige das dort Anvisierte noch anwendbar und lebbar, wenn unser Leben und Erleben von der Zeit eines Claudius doch so weit entfernt ist? Wer z. B. von den heutigen Schriftstellern würde sein Werk noch dem speziellsten aller Freunde widmen – dem Tod? Matthias Claudius hat jeden Tag seines Lebens als Christ gelebt und damit mehr oder weniger unerschrocken den Tod vor Augen gehabt. So hat er sein Werk »Der Wandsbecker Bote« einfach dem Freund Hain dediziert: *Ihm dediziere ich mein Buch, und er soll als Schutzheiliger und Hausgott vor der Haustüre des Buches stehen.*

Der dritte Teil hat nun fünf Abschnitte: das Testament für seinen Sohn Johannes, die Gegenüberstellung von Spinoza und Pascal, nochmals einiges zu Claudius, während das ganze Unternehmen dann in Abrundung ausklingt mit Gedanken aus dem Enneagramm, in dem es darum geht, den Menschen aus einer letztlich selbst verschuldeten Unmündigkeit herauszuführen, um ein Glück zu finden, das dann schließlich nur in wie auch immer gestalteter Gemeinsamkeit mit sich selbst zu finden ist, mit seinesgleichen, mit dem Kosmos, mit Gott. Ein Quiz bildet dann den tatsächlichen Abschluss. Im Zusammenhang mit diesem wird auch die Musik gestreift als eine der bedeutenden Kunstgattungen – im ersten Teil war ja von der Architektur, der Malerei und der Dichtung die Rede.

Teil IV Anhang
Bildteil und Literatur

Teil I

1. Einleitung

Da meine Arbeit ja im Grunde einen hungrig machenden Abglanz von dem aufschimmern lassen möchte, was für die Bildung eines jedweden jungen Menschen notwendig ist, insofern dieser auch interessiert ist, um seiner Bildung wegen das zu lernen, was über bloßes Leben der Unmittelbarkeit hinausgeht und somit auch Anstrengung und Fleiß erfordert, um sich schließlich die Welt anzueignen und sich in ihr sicher und heimisch zu fühlen, unterlasse ich nichts, was eine junge Seele neugierig auf die Welterfahrung machen könnte: Allein schon in der Darstellung verschiedener Schriften spiegelt sich der ungeheure Reichtum der Menschheit auf einer ihrer zahlreichen Ebenen wider. In diesen Schriftzeichen nun entbergen sich berühmte gedankliche Äußerungen bestimmter Kulturen. Ferner werden in dem Buch als Ziele möglicher Reisen eines sich bildenden Menschen – dem in dem heutigen Vergnügungsreisezeitalter die Bildung im eigentlichen Sinne immer seltener schmackhaft gemacht werden kann von einer Menschheit, die nun endlich auch einmal erst rein äußerlich nachholen möchte, was aristokratische und großbürgerliche Zeitalter wie selbstverständlich für sich beanspruchten – bestimmte Fotografien von sakralen und profanen Kunstwerken gezeigt, die jeder einmal gesehen haben sollte, durch einen Besuch vor Ort in der betreffenden Stadt, in dem betreffenden Land. Die genannten Kunstwerke sind natürlich nicht einmal der Tropfen auf einem heißen Stein im Vergleich zu dem, was ein strenger Bildungskanon fordern könnte.
Wenn einiges an Essenziellem vermittelt werden soll, dann ist das

Genannte aber immerhin schon etwas und immerhin gibt es in
unserem Land auch noch Schulen – noch.

PS: Im »ABC« vermerkte ich bei meiner allerersten Abwandlung
des »Güldenen Alphabet« von Matthias Claudius unter dem Buchstaben »R« den Begriff »Reisen, ich behielt ihn bei – das ganze
Alphabet erhielt dann zum guten Schluss eine sehr viel prosaische-
re Konzeption und Ausführung als insgesamt am Anfang.

2. Vorspiel – Die Ästhetik eines universalen Instru-
ments: die Schrift

Wie schon gesagt, offenbaren alle Kulturen auf eigentümliche Weise ihren Geist in unterschiedlichen Formen der schriftlichen Fixie-
rung. Exemplarisch stellen wir aus der Fülle der Kulturen fünf
Schriftgattungen vor. Zuerst sehen wir eine chinesische Schrift –
bekanntermaßen bestehen die Träger dieser Schrift aus Zeichen, die
nicht wie in unserem Alphabet einen Laut repräsentieren, sondern
eine Bedeutung; nur in sehr eingeschränktem Maße kann man von
ihnen als Bildern im Sinne von Picto- und Ideogrammen reden, das
Gleiche darf von den Hieroglyphen gesagt werden – in einem buddhistischen Tempel, dann folgt zweitens ein Beispiel für eine hiera-
tische Schrift par excellence: die Hieroglyphen der großen ägyptischen Kultur. Dann sollten drittens die hebräischen Schriftzeichen
des Satzes *Ich bin der Ich bin* folgen, es folgten aber andere Verse
aus der Bibel, dann folgen viertens – in griechischem Alphabet geschrieben – die nicht minder berühmten Definitionen des Menschen
als das Vernunft habende die Polisgemeinschaft begründende
Lebewesen. Schließlich folgen fünftens wunderbar gestaltete Suren

aus dem Koran. Eine erste Begegnung über ein gleichsam synoptisches Erfassen verschiedener Schriften macht schon allein auf dieser Ebene mit dem Reichtum der Kulturen vertraut. Was aber heißt »schon allein auf dieser Ebene«? Denn ist nicht die Erfindung der Schrift, ob sie sich profan oder sakral – einem höheren als dem Alltagszweck dienend – versteht, ein göttliches Geschenk? Selbst eine nicht in kultischen Rahmen eingebundene Schrift ist ein handwerkliches Kunstwerk sui generis.

Ist so zum Beispiel schon diese griechische Schrift nicht einfach ansprechend? Sie führt in die Welt der Hellenen und übersetzt geht es hier um die Definition des Aristoteles: der Mensch als mit Vernunft begabt, die sich (in der Vorlage hatte ich das so formuliert.) dann vollendet im Menschen als dem Wesen, das teleologisch auf die Polis hin angelegt sei. Die höchste Bestimmung sei dann schließlich der Mensch als das der Theorie – des Studiums und der Betrachtung der göttlichen Dinge – fähige Wesen. Hier die zwei ersten in griechischer Schrift geschriebenen Definitionen:

ζῷον λόγον ἔχον, ζῷον πολιτικόν

Dass die griechische Schrift als solche, wie beinahe jede Schrift überhaupt, nicht von dem transportierten Inhalt abhängt, versteht sich von selbst. Wir hätten z. B. auch fürchterlichste Verwünschungen in den geschmeidigen Schriftzeichen des griechischen Alphabets niederschreiben können.

Wir halten die vier Abbildungen am Anfang des Buches mit römi-
schen Zahlen fest.

Abb. I

Abb. II

Abb. III

Abb. IV

3. Naturforschung

Wichtig wären uns die herausragenden Gestalten eines Kopernikus, eines Kepler, eines Newton und die ganze Reihe der großen Physiker und anderer Naturwissenschaftler in Gestalt zum Beispiel von Werner Heisenberg (1901–1976), Max Planck (1858–1947), Niels Bohr (1885–1962) gewesen, dies ging leider nicht. Durch Karl Philberth kann uns aber schon ein Licht aufgehen für das Verstehen bisher noch mehr oder weniger dunkler Seiten der Natur. Wichtige Begriffe der Physik werden einbezogen und auch eine Linie sollte sichtbar werden für die Entwicklung in den Naturwissenschaften, ein Anstoß für die Beschäftigung mit der grandiosen Wühlarbeit des menschlichen Geistes, wo es einem ganz anders wird bei der Feststellung, sich damals nicht ausreichend auf das Gebiet der Naturwissenschaften eingelassen zu haben und wo dann die Hoffnung bleibt, die Jugend möge die Fridays doch auch nutzen, um zum Beispiel über die Gravitation, die Masse, die Raum-Zeit, die thermodynamischen Grundsätze oder über die Entropie etwas zu erfahren, deswegen muss ja kein berechtigtes Aufbegehren ausfallen. Nicht alle markanten Begriffe sind im jetzigen Abschnitt markiert, der Leser wird sie selbst finden müssen. Eine Linie soll erkennbar werden, die in den andeutenden Darstellungen von Entropie und Evolution, von Evolution und Schöpfung mündet. Ein weites Feld für konträre Theorien in Naturwissenschaft, Philosophie und Theologie – auch heute noch oder vielmehr: gerade heute. Auch der Mond als Objekt der Wissenschaft, heute vor allem als Objekt der politischen Begierden Amerikas und Chinas, sollte vorgestellt werden, leider muss diese Vorstellung ausfallen. Matthias Claudius und Caspar David Friedrich werden nicht traurig sein.

Dass die Naturwissenschaften hier in dieser Schrift vor allem in dem schon zitierten *Karl* Friedrich *Philberth* (deutscher Theologe, Physiker und Sachbuchautor aus Neustadt bei Coburg) ihr Sprachrohr finden, rührt her von der Überzeugungskraft dieses Physikers und Theologen. Schwierigste Fragen zu Phänomenen in der Makro-, Meso- und Mikrophysik werden gelöst durch verblüffende Theorie, die getragen ist von dem Glauben an einen durch Gott verbürgten Sinn der Schöpfung. Wenn wahrscheinlich einiges nicht sofort verständlich ist, so ist damit aber schon der Ansporn gegeben, sich selbst mit den Werken von Karl Philberth und seines genialen Bruders Bernhard zu beschäftigen, der zum Beispiel in seinem Werk »Der Dreieine – Anfang und Sein – Die Struktur der Schöpfung« versucht, ganz gezielt in besonderen Kapiteln auf den Laien einzugehen. Der jetzt unmittelbar zitierte Satz ist erst einmal aus einem anderen Kapitel von Philberth.

Isaac Newton fasste das Licht als korpuskulare Strahlung auf. Nach seiner Auffassung emittiert die Lichtquelle feinste Teilchen, die sich im Vacuum geradlinig fortbewegen. Demgegenüber lehrte Christian Huygens (1629–1695), das Licht sei eine Welle. Er konnte seine Lehre durch Interferenzversuche beweisen. Daher wurde sie allgemein anerkannt und als Widerlegung der Newton'schen Theorie betrachtet. Niemand ahnte im vorletzten und letzten Jahrhundert, daß Newtons Gedanke durch die Quantentheorie in einer subtileren Form wieder hochaktuell werden sollte. Das begann erst mit der Entwicklung der Formel für die Strahlungsintensität des Lichtes in einem Hohlraum, der berühmten Planck'schen Strahlungs-Formel (1900). Diese bewies das Auftreten von Quantensprüngen, welche man zunächst den Atomen und Molekülen der Hohlraumwand zuschrieb. Aber wieso ist diese Quantelung ganz unabhängig davon, aus welchen Atomen und Molekülen die Hohlraumwand besteht?

Diese Frage blieb offen, bis Albert Einstein (1879–1955) im Jahre 1905 die sensationelle Erklärung gab, die Quantelung liege gar nicht in den Atomen und Molekülen des Hohlraums, sondern im Licht selbst. Das Licht habe sowohl Wellen- als auch Korpuskularcharakter. Das wurde von den Kollegen viele Jahre lang als »Verrücktheit« angesehen. Bei seiner Ernennung zum Mitglied der Preußischen Akademie der Wissenschaften wurde betont, man wolle ihm diese Absurdität wegen seiner anderen Verdienste nachsehen. Später erwies sich diese »verrückte Absurdität« als richtig und Einstein erhielt dafür den Nobelpreis.

(Karl Philberth: Geschaffen zur Freiheit)

Unbestimmtheit als Offenheit

Alles Körperliche ist Materie, enthält Atome und Moleküle.

*Die Bahnen der Sterne folgen den Gesetzen der Astro-Physik.
Die Körper der Tiere folgen den Gesetzen der Meso-Physik.
Die Gehirne der Tiere folgen den Gesetzen der Mikro-Physik.*

Ist damit alles von den Gesetzen der niedrigsten Ebene bestimmt, sogar die Funktionen des menschlichen Gehirns?! Diese Frage führte zum Materialismus, nach dem alles Geschehen ein vorausbestimmter, uhrwerkartiger Ablauf ist.

Mit der Entdeckung der Heisenberg'schen Unbestimmtheiten (1927) brach der mechanische Materialismus zusammen. Sie zeigen, daß im Mikro-Kosmos eine durch das Planck'sche Wirkungsquantum h ausdrückbare Unbestimmtheit herrscht. In der Welt der Atome gibt es keine strenge Kausalität.

Unbestimmtheit bedeutet Offenheit. Höhere Seins-Ebenen haben größere Offenheit. Solche Offenheiten sind das Tor, durch welche Freiheit wirken kann, ohne daß die Eigengesetzlichkeit der materiellen und höheren Seinsebenen verletzt wird.

Unbestimmtheit und Komplementarität

Nach den Heisenberg'schen Unbestimmtheiten hat ein Mikro-Teilchen keinen ganz genauen raum-zeitlichen Zustand; dieser ist wesenhaft unbestimmt. Das ist in keiner Weise umgehbar.

Eine Erscheinungsform von Heisenbergs Unbestimmtheiten ist z. B. die Störung eines Elektrons von beobachtenden Photonen.

Die Heisenberg'schen Unbestimmtheiten beruhen auf der von Louis de Broglie erkannten Wellen-Körper-Komplementarität der Materie. Das Licht und alle Körper haben Doppel-Natur; sie verhalten sich manchmal als Welle und manchmal als Körper. Welle- und Körper-Charakter gehören gerade in ihrer Widersprüchlichkeit zusammen, sie sind komplementär.

Komplementaritäten gibt es auf allen Seins-Ebenen. Immer zeigen sie das Miteinander des Gegensätzlichen. Immer begründen sie, wie ich behaupte, zugehörige Unbestimmtheit.

Vollständige Komplementaritäten sind 3-fältig – als Abbilder des Dreieinen Gottes.

7 Reiche der Schöpfung

Schichten wachsender Offenheit bzw. Freiheit

	Name des Reiches	typische Vertreter	Offenheit und deren Instrument	Funktion und Verhalten
1	Materielle Bereiche	Materielle Teile, Felder, Wechselwirkungen	Heisenberg'sche Unbestimmtheiten im Mikro-Bereich	Physikalisch unbestimmte Mikro-Prozesse
2	Reproduktive Systeme	Viroide, Prionen, Computer-Viren	Rückgekoppelte Unbestimmtheiten	Reproduktion, Passive Vermehrung
3	Vegetative Organismen	Pflanzen, Einzeller-Tiere, Hohltiere	Biologischer Stoffwechsel	Vitalität, Aktive Vermehrung
4	Niedrige Tiere	Würmer, Insekten, Reptilien	Synapsen, Gehirn	Instinkt-Verhalten, Aktive Anpassung
5	Höhere Tiere	Vögel, Säugetiere, Menschenaffen	Neokortex, = »Neu-Rinde« im Großhirn	Bewußtsein, einfache Lernfähigkeit
6	Hominiden = »Menschen artige«	Homo habilis, Homo erectus, Neandertaler	Neo-Neo-Kortex, Unsymmetrie der Großhirnrinde	Selbst-Bewußtsein, hochentwickelte Lernfähigkeit
7	Der Mensch	Jetziger Mensch = Homo sapiens sapiens	Wie bei Hominiden	Wie bei Hominiden, dazu: Transzendente Freiheit

Die 7 Reiche in aufsteigender Ordnung

7. *Der Mensch* .... *Transzendente Freiheit*
6. *Hominiden* .... *Selbst-Bewusstsein*
5. *Höhere Tiere* .... *Bewusstsein*
4. *Niedrige Tiere* .... *Aktive Anpassung*
3. *Vegetat. Organismen* .... *Aktive Vermehrung*
2. *Reprodukt. Systeme* .... *Passive Vermehrung*
1. *Materielle Bereiche* .... *Unbestimmte Mikro-Prozesse*

Jedes Reich umfasst die Offenheit der tieferen Reiche.

Jedes Reich bedient sich zur Verwirklichung seiner Freiheit der Offenheiten der darunter liegenden Reiche.

Offenheit und Freiheit

Absolut frei ist nur Gott. Der von Ihm inspirierte Mensch hat Teil an der absoluten Freiheit. Gottes Freiheit bildet sich ab auf die einzelnen Seins-Ebenen.

Die Offenheit jeder Ebene fungiert:
Als Freiheit,   falls die Ebene sich selbst überlassen ist.
Als Spielraum,   falls die Ebene von darüber liegenden Ebenen überformend gesteuert wird.

Das Prinzip der kleinsten Störung

Unbestimmtheiten sind Offenheiten – Offenheiten für Freiheit. Sie begründen sich in Komplementaritäten, die als Abbilder des Dreieinen Gottes sein ganzes Werk prägen. So sind die Freiheiten der Schöpfung im Wesen Gottes verankert.

Liebe – Gerechtigkeit – Freiheit ist die oberste Komplementarität, Welle – Körper – Wechselwirkung ist die unterste Komplementarität.
(Wie schon Nils Bohr, der Vater der Welle-Körper-Dualität vermutet hat, ist Komplementarität ein das ganze Sein beherrschendes Prinzip ... Dualitäten sind verkürzte Formen von Komplementarität. Vollständige Komplementaritäten sind dreiheitlich, als Abbild des Dreieinen Gottes. Die Grund-Komplementarität im Makrokosmos ist das Tripel Raumzeit-Masse-Gravitation, im Mikro-Kosmos das Tripel Welle-Körper-Wechselwirkung. Zwei grundlegende spirituelle Komplementaritäten sind Glaube-Hoffnung-Liebe und Taufe-Glaube-Werke.)

Jede Seins-Ebene wirkt ihre Freiheit, indem sie die darunter liegenden Seins-Ebenen durch deren Offenheiten überformt.
Die Überformung der darunter liegenden Seins-Ebenen erfolgt mit deren kleinstmöglicher Störung, mit welcher das jeweilige Ziel erreichbar ist. Kleinstmögliche Störung ist keine Störung oder, wenn unvermeidbar, eine mehr oder minder kleine Störung.
Nach diesem Prinzip bedienen sich die oberen Ebenen ohne vermeidbare Gewalt der unteren und dienen die unteren ohne Selbstpreisgabe den oberen. Diese Harmonie ist Ausdruck der Weisheit des Schöpfers.

Die Funktion des Gehirns

Das Prinzip der kleinsten Störung gilt sowohl geschichtlich (Werden des Kosmos mit Energie-Null-Bilanz, Übergang zum Leben und Höherentwicklung des Lebens) als auch funktionell (passive und aktive Vermehrung des Lebens, Stoffwechsel). Ein Musterbeispiel für dieses Prinzip ist die Gehirn-Tätigkeit.

Die Funktion des Gehirns ist entscheidend geprägt von den Heisenberg´schen Unbestimmtheiten. Das hat der Physiker Pascal Jordan schon vor Jahrzehnten vermutet. Der Neuro-Physiologe jon Eccles konnte es im Jahr 1986 in seine »Mikrolokalisationshypothese« konkret aufzeigen.
Nach deren Grundgedanke steuern nicht-materielle Kräfte die physikalisch unbestimmten Mikro-Prozesse in den die Nervenzellen des Gehirns verbindenden sogenannten Synapsen.
Auf diese Weise werden Nervenbündel und schließlich motorische Systeme gesteuert. Das geschieht mit kleinster Störung, vielleicht sogar störungsfrei: Geistige Kräfte brauchen zur Steuerung der Unbestimmtheiten in den Synapsen fast keine oder gar keine physikalische Energie aufwenden.

Die Unsymmetrie der menschlichen Großhirn-Rinde

Nach Jerre Levy, 1974, arbeiten die Hälften dieser Rinde komplementär zusammen, mit Funktionen. die anscheinend logisch nicht miteinander vereinbar sind.

Konkret:

DIE LINKE HÄLFTE:	*DIE RECHTE HÄLFTE:*
analysiert über die Zeit	*synthetisiert über den Raum*
bemerkt begriffl. Ähnlichkeit	*bemerkt visuelle Ähnlichkeit*
nimmt das Detail wahr	*nimmt die Form wahr*
codiert sprachlich	*codiert bildhaft*
analysiert Gestalten nicht	*analysiert akustisch nicht*

Nach meiner These resultiert auch diese Komplementarität in einer Unbestimmtheit. Diese kann konsequenterweise nur der psychischen Ebene zugehören. Hieraus folgere ich:

Diese Unbestimmtheit ist die Offenheit, über welche transzendente Kräfte die menschliche Psyche mit kleinster Störung – gegebenenfalls störungsfrei – steuern können.

Die Gesamt-Energie des Kosmos ist Null

Die Physik kennt positive und negative Energien.

Negative Energie tritt nur als Bindungsenergie auf. Das ist die Verlust-Energie aneinander gebundener Objekte.

Drei Beispiel von positiven Energien:

1. Kinetische Energie:	*Bewegungs-Energie, z. B. eines Autos*
2. Potentielle Energie:	*z. B von 2 sich abstoßenden Ladungen*
3 Einstein'sche Energie:	$E=mc^2$ *jeder Art von Masse m*

Drei Beispiele von negativen Energien:

1. Chemische Bindungsenergie,   z. B. Verbrennungsenergie
2. Kernatomare Bindungsenergie,   bekannt als Massendefekt
3. Gravitation-Bindungs-Energie,   z. B. zwischen allen Sternen

Der Kosmos hat die Gesamtenergie gleich Null:

Die gegenseitige Anziehung all seiner Objekte gibt eine negative Gravitation-Bindungs-Energie, welche die Einstein'sche Massenenergie genau zu Null kompensiert.

Energie-Null-Bilanz und Existenz

Gesamt-Energie und Gesamt-Masse des Kosmos sind Null:

Die positive Einstein'sche Massen-Energie $E=Mc^2$ und
die negative Gravitations-Bindungsenergie $P=M\,\emptyset= - Mc^2$
kompensieren sich miteinander zu Null.

Hierbei ist:
- *M Weltmasse*
- *c Lichtgeschwindigkeit*
- *$\emptyset$ existentielles Potential*

Diese Aussage $E+P = \emptyset$ und die darauf gründenden »Existenzphysik« wurden von Bernhard Philberth erstmals in seinem Buch »Der Dreieine« vorgelegt.

Der Grundgedanke der Existenzphysik besteht darin, daß nicht nur der Kosmos insgesamt, sondern auch jedes seiner Objekte im existentiellen Potential Ø = -c² steht: Jedes Objekt hat welt-intern die Energie mc², aber welt-extern die Energie 0.

Das ist eine Grenz-Aussage; denn streng physikalisch gibt es keinen welt-externen Bezug. Aber gerade darin erwächst die Fruchtbarkeit der Existenzphysik als neuem Zweig der Physik.

Ihre kosmologische Fruchtbarkeit und ihr Bezug zur Allgem. Relativitätsphysik sind in »Das All« von B. + K. Philberth gezeigt.

Die Erbschuld im existentiellen Aspekt

Die Erbschuld wird auch Erbsünde oder Ursünde genannt. Viele Menschen leugnen sie, weil sie angeblich nicht vereinbar ist mit Gottes Barmherzigkeit. Aber es muß etwas derartiges geben, sonst wäre Gottes gute Schöpfung nicht so entstellt.

Die Erbschuld hat viele Aspekte. Dem heutigen Denken besonders einsichtig ist der existentielle Aspekt, der sich aus dem existentiellen Aspekt des Kosmos anschaulich erkennen läßt.

Alles Sein existiert nur aus der Bindung: Materielle Objekte existieren aus ihrer gravitatorischen Einbindung in das Weltall durch das existentielle Potential Ø = -c². Körperlose Wesen existieren aus ihrer psychischen Verstrickung in die Welt.

Auch der Mensch existiert aus der Bindung:
Er ist berufen zur freiwilligen Bindung an Gott – lehnt er diese ab,
dann verfällt er unentrinnbar der Bindung an die Welt.

Der Mensch in der Erbschuld ist der Mensch ohne Gott; er lebt als
gefallener in der gefallenen Welt. Er ist und hat Teil an deren Ge-
bundenheit, deren Gesetz und deren Leid.

Die Erbschuld im endzeitlichen Aspekt

Nach dem Alten Testament (Genesis 2 und 3) sündigten die Stamm-
Eltern Adam und Eva, indem sie verbotenerweise die Frucht vom
Baum der Erkenntnis des Guten und Bösen aßen. Diese Sünde hat
sich als Erbschuld auf alle Menschen gelegt. Man sagt oft, eine
Sünde könne diese Folgen nicht haben.

Tatsächlich aber ist diese eine Sünde der Inbegriff einer immer neu
begangenen, satanischen Sünde: sein zu wollen wie Gott und selbst
zu bestimmen was gut und böse ist. Diese Sünde wird heute in end-
zeitlichem Maßstab begangen.

Teuflische Ideologien maßen sich an, festzulegen was gut ist: Gut
ist, was dem Volk, oder was der Partei, oder was der Höherent-
wicklung, oder was der Selbstverwirklichung dient. Das ist Aufleh-
nung gegen Gott – das ist selbstgewählte Hölle.

Es tobt ein endzeitlicher Kampf der Geister. Es geht um Himmel
und Hölle; um Teilhabe an der Erlösung durch Jesus Christus oder
um Teilhabe an der Auflehnung durch Satan.

Evolution und Kreation
= Entwicklung und Schöpfung

Evolution kommt von »evolvere« = hervorwälzen, entwickeln
Kreation kommt von »creare« = erschaffen

Evolution beinhaltet also nur eine Aussage über das wie,
Kreation beinhaltet also nur eine Aussage über das wodurch,

Anders ist es beim »Evolutionismus« und »Kreationismus«:

Der Evolutionismus ist eine unwissenschaftliche Ideologie, nach der die Höherentwicklung angeblich ohne geistiges Wirken durch Selbst-Organisation der Materie geschieht.
Der Kreationismus versteht die Bibel zu oberflächlich. So schließt er fälschlich, die Welt sei in weniger als 10 000 Jahren, Pflanzen- und Tierarten seien durch spontane Akte erschaffen.

Evolution und Kreation sind keine Gegensätze. Gott schöpft auch evolutiv. Das ist biblisch (Karel Claeys). Man kann von »Höherführender Schöpfung« oder »Lenkevolution« (Bernhard Philberth) sprechen.

Ende Zitat

Diese von Philberth vorgestellte Zusammenfassung seines Buches »Geschaffen zur Freiheit« – das Buch ist in unserem Anhang ausführlich angegeben – ist so dicht und prägnant, dass man beinahe jeden Begriff unterstreichen müsste.

*Teilhard de Chardin (geboren 1881 in Clermont-Ferrand – diese Stadt ist auch der Geburtsort von Pascal –, gestorben 1955) sieht die Achse der Evolution durch jenes Streben nach höchst möglicher reflexiver Zentrierung vorgegeben, das sich mit der Ausbildung einer **Noosphäre** (Sphäre des Bewusstseins) konkret manifestiert. Dieses Streben lässt nach einem inneren synthetisierenden Prinzip fragen, von dem die Energie der Einigung ausgeht und in dem sie – über alle Zerfallsprozesse hinaus, wie sie sich nach der Logik der Entropie durchsetzen mögen – ihre ewige vollendende Wirklichkeit hat. Dieses aktiv synthetisierende, Person-Sein und **Interpersonalität hervorbringende und deshalb personal-überpersonale Prinzip**, das sich in der Weise der Liebe den Kosmos differenzierend synthetisiert, nennt Teilhard den **Punkt Omega**. Er hat für Teilhard durchaus die Bedeutung eines erklärenden Prinzips, sowohl für das beständige Streben der Dinge nach einem **höheren Bewußtseinszustand** als auch für die paradoxe Festigkeit des Gebrechslichsten, das eben nicht einfach der Zersetzungsdynamik der Entropie ausgeliefert ist.*

(Jürgen Werbick: Gott verbindlich – eine theologische Gotteslehre, näherhin: Gotteserkenntnis und Erkenntnis der Welt)

Neben den wissenschaftlich begründeten Einstellungen zu der Evolution und zu der Schöpfung seitens Karl Philberths, erwähnten wir soeben noch den Evolutionsgedanken von Teilhard de Chardin, dargestellt von dem Theologen Jürgen Werbick. Wir wollen aber auch in Erinnerung rufen, was uns der 2. Hauptsatz der Thermodynamik (Rudolf Clausius/Ludwig Boltzmann) sagt, hier mit den Worten aus »Entropie-AnthroWiki«:

*Die Entropiezunahme resultiert aus der grundlegenden Tendenz der physischen Wärme, sich gleichmäßig im Raum zu verteilen. Aus statistischen Gründen ist diese Gleichverteilung wesentlich wahrscheinlicher, als dass sich Wärme von selbst an einem bestimmten Ort konzentriert. Oder anders ausgedrückt: Wärme geht niemals von selbst von einem Körper niedriger Temperatur auf einen Körper höherer Temperatur über. Das ist die Grundaussage des **2. Hauptsatzes der Thermodynamik.***
*Aufgrund der beständigen Entropiezunahme strebt die physische Welt unaufhaltsam einem Zustand der völligen Gleichverteilung zu, was letztlich den Zerfall aller geordneten Strukturen, d. h. den sog. **Wärmetod** bedeuten würde, wie schon Hermann von Helmholtz (1821–1894) postuliert hatte.*

4. Reisen (Architektur, Malerei: Tempel, Gotik, Barock, C. D. Friedrich, Die Moderne, Ikonen, Manoppello)

Zum Spektrum der großen Kunstgattungen gehören nun aber auch die Architektur, die Musik und die Malerei – wir gehen hier nicht weiter begründend auf die sinnvolle Unterteilung der Kunstgattungen in der Ästhetik von Hegel ein. Das Streifen einiger Kunstwerke hat seinen Grund auch darin, dass ich im zweiten Teil des Buches bei der ersten Überlegung, was denn unter dem Buchstaben »R« von mir angeführt werden könne, ich mich spontan dafür entschied, einen Imperativ anzuführen, der eben mit »R« beginnt: »Reist«, also geht in die Welt hinaus, lernt sie kennen, erfreut euch ihrer.

Von Claudius stammen übrigens die bekannten Verse:
Wenn einer eine Reise tut,
dann kann er was erzählen,
Drum nahm ich meinen Stock und Hut
Und tät das Reisen wählen.

(Matthias Claudius: Urians Reise
um die Welt, mit Anmerkungen)

Ich unterlasse es nicht, einige »Ratschläge« zu geben, was die Reiseziele sein sollten, wodurch vielleicht aber schon die Reiselust bei den solchermaßen Belehrten etwas abnehmen könnte. Es ergaben sich nun einige Ziele, die unter anderen in seinem Leben zu erreichen ich jedwedem Jugendlichen wünschte: im fernen Osten sich bekannt zu machen mit Tempeln und Teehäusern, in Griechenland mit einer bestimmten Ausformung des griechischen Tempels, in Israel mögen sie Bekanntschaft machen mit dem Land überhaupt des Alten Testaments – wir haben es in unserer ästhetischen Besinnung beispielhaft kulminieren lassen in der illuminierenden Gestaltung von Seiten des Alten Testaments.

In Tunesien, in Kairouan, sollte die Jugend sich bekannt machen mit der wunderbaren Architektur einer Moschee – für uns soll das in unserem Buch abgebildete Blatt aus dem Koran genügen, um die Kunstfertigkeit im Islam anzudeuten.

Im Land des Nils wünschte man eine Bekanntschaft mit dessen sakralen Pyramiden- und Tempelbauwerken – für uns kulminiert das auf eine Reise Geschmack Machende im »Ästhetischen Vorspiel« in der Abbildung der Hieroglyphen auf einer Stele.

Eine Begegnung wünschte ich weiter in Frankreich mit der Gotik und mit der Kapelle von Ronchamp, in Italien mit dem Barock und mit der unscheinbaren Stadt Manoppello, in Moskau mit der Tretjakow-Galerie, in Deutschland mit der leicht mit dem Fahrrad zu erfahrenden Nationalgalerie Berlin und schließlich im gelobten Land Amerika, der Neuen Welt, mit der »Multidimensionalität« praktizierenden Aktionskünstlerin Lilo Kinne. – Diese Frau stand in enger Beziehung zu dem Tübinger Altphilologen und Aristotelesforscher Hans Joachim Krämer, einem Wissenschaftler von stupendem Wissen, der nichtsdestotrotz der modernen Welt und ihrer Kunst gegenüber sehr aufgeschlossen war.

Die ernste Prosa kommt aber nun auch nicht zu kurz, der Mond soll nicht nur durch die Kunst erschlossen sein, sondern die Jugendlichen mögen auch eine Reise zum Mond selbst buchen, sie sind also gehalten, auch einmal die liebe alte Erde zu verlassen.

Man sieht: typisches Bildungsgut von Eltern, die um das geistige und geistliche Niveau der Nachkommen bemüht sind.

Wir wollen nun ein wenig mehr auf die Kunst eingehen, die für die Jugendlichen an entsprechenden Orten aufzusuchen ist, per pedes, mit dem Fahrrad, dem Auto, dem Flugzeug oder der Segeljacht – auch im Bildanhang wird auf einige Kunstwerke eingegangen.

Das Faszinierende nun an der asiatischen Kunst – hier in diesem Buch illustriert an einem chinesischen Tempel – ist, dass wir konfrontiert werden mit einem Menschenbild, das dem europäischen geradezu diametral entgegengesetzt zu sein scheint. Der japanische Tempel tritt uns als Ausdruck eines Selbst – das Selbst in Bezug zur Gesellschaft, das Selbst in Bezug zum Kosmos und das Selbst in Bezug zur Götterwelt – gegenüber, das geradezu verblasst vor dem Horizont desjenigen Selbstverständnisses, das sich in der Entwicklungsgeschichte der europäischen Kunst entwickelt hat mit ihrer Tendenz – schon auf der Ebene der Erscheinung durchscheinend –, die Würde des Individuums zu offenbaren, eines Individuums, das seine personale Freiheit verwirklicht in der Polis. Das Individuum spielt dagegen im traditionellen japani-

schen Fühlen und Denken – wie es sich auch in der Kunst äußert –
eine geringe Rolle.

Stellvertretend mag das erste Bild dienen, das einen buddhistischen
Tempel in China zeigt. Betrachtet man das Dach und seine nach
oben hin gebogenen Ausschweifungen, so wird man leicht feststellen, dass dies eine ganz besondere Form der Dachgestaltung ist, in
der sich etwas ganz Besonderes zum Ausdruck bringt, im Vergleich
zur Dachkonzeption in der abendländischen Baukunst. Der in seinem Denken in manchen Punkten mit der Ästhetik von Hegel über-
einstimmende anthroposophisch ausgerichtete Gottfried Richter
(nicht Gerhard Richter!) macht in seinem Werk »Ideen zur Kunstgeschichte« darauf aufmerksam, dass dieses nach Außen-gerichtet-
Sein gerade das elementar Verschiedene bezeichnet, wodurch das
sogenannte »atlantische Bewusstsein« sich vom europäischen ab-
hebe: das Individuum in Asien habe seine es konstituierende Substanz außerhalb seiner in dem Anderen – sei es der Kosmos, sei es
die Welt der Götter. Die europäische Entwicklungsgeschichte dagegen tendiert dazu – in der Kunst sich auch zeigend –, das Andere
jedweden Seins als das Andere des Selbst zu entlarven, das im geschichtlichen Verlauf auch immer deutlicher die Signatur dieses
Selbst erfährt.

Auf einem langen Weg erlangt in der Renaissance das Individuum
erstmals deutlich seine ersehnte »Wiedergeburt« aus dem Geist
griechisch verstandener Freiheit. Es ist ein Vorgang der Emanzipation, der seine »Vollendung« dann in der Aufklärung zu finden
scheint. In unserer Bilderfolge setzen wir den Fuß von einem buddhistischen in einen griechischen Tempel.

Was uns in Hellas begegnet, ist gewaltig: eine sich ihrer selbst bewusst werdende Individualität, eine Individualität, die in Gemeinsamkeit mit anderer Individualität ihr Bürgersein verwirklicht, in
Freiheit, in Gleichheit – dass sich das Ganze in einer auf Sklaven-

arbeit beruhenden Gesellschaft abspielt, ist historische Gegebenheit. In Bezug auf die Gleichheit und Freiheit (Freiheit beruhend in Wechselwirkung mit Gleichen) betrachte man nur die Ordnung der Säulen.

Gehen wir über zu den Abbildungen der gotischen Epoche, die etwas ausdrückt, was als »die Schwerkraft aufhebende Sehnsucht« bezeichnet werden könnte, eine Sehnsucht, die nicht ruht, als bis sie sich mit Gott vereint sieht. Von der gewaltigen gotischen gen Himmel drängenden Kathedrale (ein Kunsthistoriker wie Hans Jantzen würde vielleicht von »Antiponderosem« sprechen, ein Existenzphilosoph eher ironisch von »Himmelsstürmerei«), wird man bewegt, auch das Innere der Kirche zu erschließen und im meditierenden Verweilen vor einem gotischen Farbfenster deutet sich im physischen Licht die Diaphanie des transzendenten Lichts an.

Die Gotik ist auf dem Weg zum Ich, einem anderen Ich als dem der Renaissance und auch dem der Reformation. Das Renaissance-Ich entdeckt sich und die Welt und erfreut sich seiner und der Welt. Die Kirche spielt nicht mehr die zentrale Rolle. Martin Luther schüttelt ihre bisherige Autorität entschieden ab, wobei er in seinen Schriften die Dualbeziehung Mensch-Gott betont, in welcher der Mensch Gott gegenüber der gehorsame Diener zu sein hat, wenn er sich als wahrhaft frei erfassen möchte.

Wir gehen über zum Barock bzw. zu den Abbildungen des Petersplatzes und des Deckenfreskos von Michelangelo in der Sixtinischen Kapelle. Eine neue Welt begegnet uns. Der Mensch ist aus seiner Unschuld erwacht und er ist fähig und stolz zugleich, zu präsentieren, was ihm widerfahren ist: Immer mehr ist er der Mittelpunkt, von dem ausstrahlend die Deutungshoheit über das Sein und das Nichts ausgeht, diesmal aber noch im mehr oder weniger deutlichen Verharren gläubiger Ergebenheit in die vorrangige Gegebenheit der göttlichen Allmacht Gottes.

Zweifelsohne ist die Vollendung des Petersplatzes von Gian Lorenzo Bernini (1598–1680) die Vollendung der Architektur überhaupt. Eine vielversprechende und beeindruckende Selbstdarstellung der Kirche als Institution finden wir hier: alles ist gebunden in eine Einheit und dies ist denn auch eines der Schlüsselmerkmale des Barocks und seiner Kunst: die Bindung der Gegensätze überhaupt, als da letztlich wären die Gegensatzpaare von endlich und unendlich, von menschlich und göttlich, von immanent und transzendent. Für Kenner ist die Frage nach der Art der Einheit interessant: Zeigen sich im Barock schon Tendenzen einer strukturellen Einheit oder wird alles in einer schon vorgegebenen Einheit aufgehoben? Nun, im Deckenfresko von Michelangelo wird in der Schöpfung des Menschen der Moment gezeigt, wo der Atem Gottes – gleichsam konzentriert im ausgestreckten Zeigefinger seiner rechten Hand – den Menschen berührt und ihn imstande setzt, in der Welt den rechten Standpunkt einnehmen zu können. Eine ausgezeichnete Interpretation des Kunstwerkes finden wir bei dem – schon zitierten – Theologen und einstigen Bischof von Aachen Klaus Hemmerle (1929–1994), der in der Darstellung Adams auf dem Fresko besonders den Aspekt betont sieht, dass der Mensch nicht nur eine göttliche Herkunft habe, sondern dass diese Herkunft geradezu sich decke mit seiner aus Gott gewährten Zukunft, die der Mensch auf Gott hin in Verantwortung übernimmt.

Wir kommen nun zu der »Abbildung« einer Ikone zu und dem Muschelseidentuch von Manoppello.

Du sollst Dir kein Gottesbild machen und keine Darstellung von irgendetwas am Himmel droben, auf der Erde unten oder im Wasser unter der Erde.

(aus: Ex20,2–17)

Was sich ab einem bestimmten historischen Zeitpunkt aufgrund dieses Gebotes des Dekalogs in den Köpfen der damaligen Theologen abspielte, das kulminierte unter anderem in dem sogenannten »Bilderstreit«. Der brachte eine Spaltung zustande zwischen den sogenannten »Ikonodulen« und den »Ikonoklasten«, den Bilderverehrern und den Bilderzerstörern, denn: Schloss nicht »Du sollst dir kein Bildnis machen« aus, Gott zu verbildlichen? Nun entstand unter den Theologen ein heftiger Streit, in dem alles an Klugem mitspielte, was sich schon bei Platon (428/427 v. Chr. bis 348/347 v. Chr.) und bei Plotin (205–270) gefunden hatte: Ein Dionysios, ein Johannes von Damaskus und andere Theologen mehr suchten und fanden bei Platon und Plotin die Begrifflichkeiten, die es ihnen ermöglichten, die bedrängenden Fragen zu klären und zu ordnen. Es blieben aber kaum zu behebende Gegensätze, die sich dann schließlich mit anderen Glaubensdifferenzen manifestierten sollten in der ersten großen Kirchenspaltung, dem morgenländischen Schisma von 1054 (zum ersten Male manifestierte sich ein Bilderverbot in dem Edikt von 730 unter Kaiser Leon III.): Auf der einen Seite finden wir die griechisch-orthodoxe Ostkirche – hier sind aber auch wiederum nichtdeckungsgleiche Einstellungen vorhanden, wie es nun einmal in der Wirklichkeit so ist – und auf der anderen Seite finden wir die lateinisch-katholische Westkirche. Dass die beiden anderen monotheistischen Religionen, also das Judentum und der Islam, das Bilderverbot kennen und heutigentags noch praktizieren, ist bekannt.

Weitere grundsätzliche Begriffe halten wir nun fest in dem von Dionysios stammenden Satz und in weiteren Überlegungen und Feststellungen:

Das Bild aber, voll Gnade, lässt den Christen teilhaftig werden an der Heiligkeit des Urbildes und wird selbst zum Mysterium. Es ist

Abbild des Unsichtbaren und vermag durch die Betrachtung des Sichtbaren zu göttlicher Schau emporzutragen.

(Pseudo-Dionysios Areopagita, ein Mystiker zu Anfang des 6. Jahrhunderts)

Der Satz von Dionysios würde auf die Ikone angewandt fragen: »Kann die Ikone als Bild mehr sein und beanspruchen als Abbild zu sein der Idee, ins Christliche gewandt als Abbild Gottes, kann sie gar Urbild sein?« Nun, vielleicht gehen uns die Augen bei den folgenden »Betrachtungen« noch über.

Abgesehen davon, dass die nun weiter im Allgemeinen zu besprechende Ikone zu ihrem Inhalt ausschließlich die Bibel hat und ihren Umkreis – vor allem also die Heilige Dreifaltigkeit; Christus in seinem Leben, Wirken, seinem Tod und seiner Auferstehung und Himmelfahrt, Christus als Pantokrator; die Mutter Christi; die Apostel Christi und die vielen Heiligen –, ist für das Verständnis der Ikonenmalerei von weiterer besonderer Bedeutung, dass sie sich als Bedeutungsmalerei versteht, im Gegensatz zu dem perspektivischen Sehen, das seine Triumphe feierte mit dem Aufkommen der Renaissance, wo alles konstruiert ist durch die Optik, durch die Eigenart des Sehens des menschlichen Auges, wo dann die Entdeckung der Subjektivität des Menschen allein schon zum Ausdruck kommt in der künstlerischen Wiedergabe des Gesehenen, darin, dass alles eben so abgebildet wird, wie es sich im natürlichen Sehvorgang darstellt, in seinen von dem Subjektzentrum ausgehenden Gestaltungsprinzipien. Diese Prinzipien haben den Logos der Physikgesetze zum Maßstab und nicht den Logos einer aus dem Glauben an weltliche und göttliche Autorität gelebten Welt.

Ganz anders die Ikone: Das Verhältnis der Dargestellten richtet sich nach der selbstverständlichen Hierarchie von oben und unten.

Durch die größere Größe würde sich zum Beispiel die Darstellung eines Heiligen von einem Nichtheiligen unterscheiden. Alles »realistisch« Gesehene, alles »Naturalistische« muss unrealistisch, unnaturalistisch dargestellt werden, damit somit das der Raum-Zeit-Wirklichkeit transzendente Sein des Göttlichen in seinem durchscheinenden Charakter erfasst werden kann und das, was der Ikonenmaler – der Ikonenschreiber – anfertigt, ist das durch die Kirche bereitgestellte Wort Gottes, das gehört und aufgeschrieben wird, bar jeder künstlerischen Ambition ästhetischen Wollens.

Dem Schreiben des Aufschreibens entspricht auf der Seite des Rezipienten das Lesen und somit wird noch deutlicher der Charakter der Ikone als einer kunstlosen Kunst. Das Betrachten eines Bildes durch einen Kunst genießenden Kunstfreund wird ersetzt durch ein andächtiges in Kult und Ritus eingebundenes Verehren – nicht Anbeten – der Ikone; angebetet wird Gott. Die bekannte Äußerung von Kandinsky existiert: *Ich schätze keine Malerei so hoch wie unsere Ikonen. Das Beste, was ich gelernt habe, habe ich an unseren Ikonen gelernt, nicht nur das Künstlerische, sondern auch das Religiöse* (aus: Lothar Schreyer: Erinnerungen an Sturm und Bauhaus – Was ist des Menschen Bild?).

Nun kommen wir zu der letzten Abbildung. Innerhalb des Triduum Sacrums hat der Gläubige für jeden dieser Tage die Möglichkeit, denjenigen zu sehen, der für die Menschen gestorben ist: In Oviedo ist das Bluttuch Christi zu sehen, in Turin das Grabtuch Christi, das den zweiten Tag dokumentiert, und für den dritten Tag, den österlichen Tag der Auferstehung, existiert das Sudarium, das aus Byssus bestehende Schweißtuch. Die Aufzeichnung der Historie der ungeheuerlichen Geschichte um dieses Tuch, dieses Acheiropoietons, dieses Mandylions, verdanken wir Paul Badde (1948). Mit viel Verstand und Umsicht macht er auf hohem journalistischen Niveau glaubhaft, dass wir hier davon reden können, dass das Antlitz Christi – nicht von Menschenhand gemacht, nicht kunstfertig erstellt – den Menschen anschaut. Auf der beinahe letzten Seite seines Buches sagt Autor Badde: *»Im Zeitalter der Globalisierung ist es heute aber auch gleichzeitig eine erste Ankunft von diesem ›menschlichen Gesicht Gottes‹ vor die Augen der ganzen Menschheit.«* Die faszinierende »Abbildung« dieses sich in Muschelseide einprägenden Gesichtes erscheint im letzten Teil unseres Buches, im Bildteil des Anhangs.

Das Muschelseidentuch mit dem Abdruck des Gesichtes Christi ist ein qualitativer Sprung im Vergleich zu einer Ikone, die ja selbst schon als ein nicht von Menschenhand Gemachtes eine ganz besondere Auszeichnung verdient, indem sie auf makellose Weise danach trachtet ein Abbild einer Göttlichkeit Gottes zu sein, die schlechthin sich nur unangemessen wiedergegeben finden kann aufgrund der eben nur materiellen endlichen Bedingungen und aufgrund des Menschen, der in seinem Begreifen auch schlechthin endlich bleibt. Selbst von dem Begreifen heißt es gar in der mystischen Denktradition: *Si comprehendis non est Deus. – Sobald du Gott zu verstehen suchst im Begreifen, ist Gott nicht* (ein Gedanke von Augustinus, in welchem er Affinität zur Theologia negativa zeigt, die auf jeden Fall durch die Theologie eines Dionysios eindrucksvoll vertreten ist).

Betrachten wir nun ein Bildkunstwerk der Romantik: in der Abbildung des den untergehenden Mond betrachtenden Paares werden von Caspar David Friedrich alle Kräfte aufgeboten, um auf dem Weg der Malerei die stärksten Seiten der Romantik überhaupt ins Licht zu heben. Nicht mehr von Gott ist hier die Rede, sondern von einem beseelten Fühlen, das den schon längst vor Nietzsche im

Glauben verlorengegangen Gott zu restituieren trachtet durch eine gefühlte Natur. Es geht nicht nur schlicht und einfach der Mond unter, sondern der Mond fungiert als Träger einer subjektiv erlebten Wirklichkeit, die verspricht, dass die konkret im Alltag begegnende krude materielle Wirklichkeit aufgehoben ist in einer ideellen, wirklicheren Wirklichkeit.

Man betrachte dagegen die Kunst des die moderne Kunst begründenden Wassily Kandinsky: Diese Kunst ist faszinierend und man fragt sich dennoch zum Beispiel, was für eine Rolle der von ihm dargestellte Mond in seinem Weltbild einnimmt.

Wir wollen noch ein wenig bei dem stimmungsvollen oder weniger stimmungsvollen Mond verweilen. Goethe – Zeitgenosse des später behandelten Matthias Claudius – beklagt sich in einem Brief an seinen Freund Schiller, dass man in seiner Zeit anfange, den Mond nicht mehr zu empfinden, sondern zu »sehen«. (Hier mag sich bei Goethe ein sentimentaler Zug finden, der sich dann aber letztlich auch in seiner Kritik an Isaac Newton wiederfindet.)

In unserer Zeit wird von der Entzauberung der Natur geredet. Der Mond wird immer mehr Gegenstand wissenschaftlicher Analyse. Was bleibt, sind harte kalte Fakten; die Fiktionen schwinden, übrig bleibt der Mond als Fluchtpunkt der Überlegungen für Pläne des zukünftigen Überlebens der Menschheit, als strategischer Zankapfel der Großmächte China und Amerika und als Ort der Verbannung, wie man denn so sagt: »Du solltest auf den Mond geschossen werden.« Ein Anathema unserer Neuzeit.

Interessant ist, was der von 1857 bis 1935 lebende russische Raketenforscher Konstantin Eduardowitsch Ziolkowski bezüglich des Mondes äußerte: *»Die Erde ist die Wiege der Menschheit, aber wir können nicht immer in einer Wiege leben.«*

Eine weitere Abbildung ist die Wallfahrtskapelle von Le Corbusier in Ronchamp. Hier sei nur erinnert an die erste Abbildung. Welche Ähnlichkeit in der Dachkonzeption!

Wir sind mit unserem Reisevorschlag am Ende. Wir kehren vom Mond zurück und landen sicher auf der Erde. – Es besteht wohl eine wie auch immer geartete Repulsion und Attraktion zwischen Erde und Mond.

Leider konnten wir keine Abbildung von Lilo Kinne (Amerika) und ihrer Kunst anfügen. Es ist schwer, eine Lizenz zu erhalten, um eines der Bilder abzubilden, aus dem sehr schönen Katalog zu ihren Ausstellungen (Lilo Kinne: Multidimensional Art, New York 1995). Ein Vorgeschmack kann also nicht auf sinnlicher Ebene vermittelt werden.

5. Kurze Zitate, Gedichte, spirituelle Reflexionen

Scheinbar etwas unvermittelt geht es von der Natur über zu Vers und Dichtung.

Nun aber:

Verwirf nicht die Züchtigung des Herrn und sei nicht unmutig ob seiner Strafen; denn wen der Herr liebhat, den züchtigt er, wie ein Vater den Sohn, dem er wohl will.

(AT: Sprüche 3,11f.)

Wer von diesem Wasser trinkt, wird wieder Durst bekommen, wer aber von dem Wasser trinkt, das ich ihm geben werde, wird niemals mehr Durst haben, vielmehr wird das Wasser, das ich ihm gebe, in ihm zur sprudelnden Quelle werden, deren Wasser das ewige Leben schenkt.

(Johannes 4, 13–14)

Ich stehe vor der Tür und klopfe an. Wer meine Stimme hört und die Tür öffnet, bei dem werde ich eintreten und wir werden Mahl halten, ich mit ihm und er mit mir.

(Johannes Offb. 3,21)

Siehe, ich mache alles neu. Schreib: Diese Worte sind treu und wahr. Ich bin das A und das O, der Anfang und das Ende. Ich werde dem, der Durst hat, Wasser schenken aus der Lebensquelle.

(Johannes Offb. 21,5–6)

Gott verzärtelt den guten Menschen nicht, er legt ihm Prüfungen auf, er lässt ihn durch Prüfungen hindurchgehen und so formt er ihn nach seiner Idee.

(Seneca ‹1–65›: De providentia)

Du aber warst mir innerlicher als mein Innerlichstes und höher als mein Höchstes.
Tu autem eras interior intimo meo et superior summo meo.

(Augustinus von Hippo ‹354–430›: Confessiones)

Von allem Sichtbaren ist die Welt das Größte, von allem Unsichtbaren ist Gott das Größte. Dass es eine Welt gibt, sehen wir; dass es einen Gott gibt, glauben wir. Wo aber haben wir Gott gehört? Nirgends besser als in der Heiligen Schrift, wo sein Apostel sagt: Am Anfang schuf Gott Himmel und Erde.

(Augustinus: De civitate Dei)

Jeder hat in sich etwas, das man nicht kennt, solange man es nicht erprobt hat; hat man es aber erprobt, schaudert man.

(Anicius Manlius Severinus Boethius ‹480/485–524/526›:
Consolatio philosophiae)

Siehe, ich starb als Stein und stand als Pflanze auf,
Starb als Pflanz' und nahm drauf als Tier den Lauf,
Starb als Tier und war ein Mensch.
Was fürcht' ich dann,
Da durch Sterben ich nie minder werden kann?
Wieder, wenn ich werd' als Mensch gestorben sein,
Wird ein Engelsfittich mir erworben sein,
Und als Engel muss ich sein geopfert auch,
Werden, was ich nicht begreif, ein Gotteshauch.

(aus dem Mathnawi von Rumi (1207–1273))

Gedichte

1.

Im Anfang war das Wort,
und das Wort war bei Gott
und das Wort war Gott.
Im Anfang war es bei Gott.
Alles ist durch das Wort geworden,
und ohne das Wort wurde nichts, was geworden ist.
In ihm war das Leben
und das Leben war das Licht des Menschen.
Und das Licht leuchtet in die Finsternis,
und die Finsternis hat es nicht erfasst.

Es trat ein Mensch auf, der von Gott gesandt war,
sein Name war Johannes.
Er kam als Zeuge, um Zeugnis abzulegen für das Licht,
damit alle durch ihn zum Glauben kommen.
Er war nicht selbst das Licht,
er sollte nur Zeugnis ablegen für das Licht.
Das wahre Licht, das jeden Menschen erleuchtet,
kam in die Welt.
Er war in der Welt,
und die Welt ist durch ihn geworden,
aber die Welt erkannte ihn nicht.
Er kam in sein Eigentum,
aber die Seinen nahmen ihn nicht auf.
Allen aber, die ihn aufnahmen,
gab er die Macht, Kinder Gottes zu werden,
allen, die an seinen Namen glauben,
die nicht aus dem Blut,
nicht aus dem Willen des Fleisches,
nicht aus dem Willen des Mannes,
sondern aus Gott geboren sind.
Und das Wort ist Fleisch geworden
und hat unter uns gewohnt,
und wir haben seine Herrlichkeit gesehen,
die Herrlichkeit des einzigen Sohnes vom Vater,
voll Gnade und Wahrheit.

(Johannes-Evangeliums: aus dem Prolog)

2.

Komm, Heiliger Geist, du Schaffender!
Komm, deine Seelen suche heim;
Mit Gnadenfülle segne sie,
Die Brust, die du geschaffen hast.

Du heißest Tröster, Paraklet,
Des höchsten Gottes Hochgeschenk,
Lebend'ger Quell und Liebesglut
Und Salbung heiliger Geisteskraft.

Du siebenfaltiger Gabenschatz,
Du Finger Gottes rechter Hand,
Von ihm versprochen und geschickt,
Der Kehle Stimm' und Rede gibst.

Den Sinnen zünde Lichter an,
Dem Herzen frohe Mutigkeit,
Dass wir im Körper Wandelnden,
Bereit zum Handeln sei'n, zum Kampf.

Den Feind bedränge, treib ihn fort,
Dass uns des Friedens wir erfreun.
Und so an diener Führerhand
Dem Schaden überall entgehen.

Vom Vater uns Erkenntnis gib,
Erkenntnis auch vom Sohn zugleich,
Uns, die dem beiderseit'gen Geist
Zu allen Zeiten gläubig flehn!

Darum sei Gott dem Vater Preis,
Dem Sohn, der vom Tod erstand,
Dem Paraklet, dem wirkenden,
Von Ewigkeit zu Ewigkeit!

(Johann Wolfgang von Goethe: Übertragung des Hymnus
»Veni creator spiritus« von Rabanus Maurus (780–856))

3.

Gelobt seist Du, Herr,
mit allen Wesen, die Du geschaffen,
der edlen Herrin vor allem, Schwester Sonne,
die uns den Tag heraufführt und Licht
mit ihren Strahlen, die Schöne spendet;
gar prächtig in mächtigem Glanz:
Dein Gleichnis ist sie, Erhabener.

Gelobt seist Du, Herr,
durch Bruder Mond und die Sterne,
durch Dich sie funkeln am Himmelsbogen
und leuchten köstlich und schön.

Gelobt seist Du, Herr,
durch Bruder Wind
und Luft und Wolke und Wetter,
die sanft oder streng, nach Deinem Willen,
die Wesen leiten, die durch Dich sind.

Gelobt seist Du, Herr,
durch unsere Schwester, die Mutter Erde,
die gütig und stark uns trägt
und mancherlei Frucht uns bietet
mit farbigen Blumen und Matten.

Gelobt seist Du, Herr,
durch unseren Bruder, den leiblichen Tod,
ihm kann kein lebender Mensch entrinnen,
Wehe denen, die sterben in schweren Sünden!

Selig, die er in Deinem heiligsten Willen findet,
denn sie versehrt nicht der zweite Tod.

(Franz von Assisi: Der Sonnengesang)

4.

Mein Wandel auf der Welt
Ist einer Schiffahrt gleich:
Betrübnis, Kreuz und Not
Sind Wellen, welche mich bedecken
Und auf den Tod
Mich täglich schrecken;
Mein Anker aber, der mich hält,
Ist die Barmherzigkeit,
Womit mein Gott mich oft erfreut.
Der rufet so zu mir:
Ich bin bei dir,
Ich will dich nicht verlassen noch versäumen!
Und wenn das wütenvolle Schäumen

Sein Ende hat,
So tret ich aus dem Schiff in meine Stadt,
Die ist das Himmelreich,
Wohin ich mit den Frommen
Aus vieler Trübsal werde kommen.

(Bach-Kantate)

5.

Hoch auf der Fluten Gebirg wiegt sich entmastet der Kahn,
Hinter Wolken erlöschen des Wagens beharrliche Sterne,
Bleibend ist nichts mehr, es irrt selbst in dem Busen der Gott,
Aus dem Gespräch verschwindet die Wahrheit, Glauben und Treue
Aus dem Leben, es lügt selbst auf der Lippe der Schwur.
In der Herzen vertraulichsten Bund, in der Liebe Geheimnis
Drängt sich der Sykophant, reißt vom Freunde den Freund,
Auf die Unschuld schielt der Verrat mit verschlingendem Blicke,
Mit vergiftendem Biß tötet des Lästerers Zahn.

(aus Schillers Elegie »Der Spaziergang«)

6.

Was reif in diesen Zeilen steht,
Was lächelnd winkt und sinnend fleht,
Das soll kein Kind betrüben,
Die Einfalt hat es ausgesät,
Die Schwermut hat hindurchgeweht,
Die Sehnsucht hat's getrieben;
Und ist das Feld einst abgemäht,

Die Armut durch die Stoppeln geht,
Sucht Ähren, die geblieben,
Sucht Lieb, die für sie untergeht,
Sucht Lieb, die mit ihr aufersteht,
Sucht Lieb, die sie kann lieben,
Und hat sie einsam und verschmäht
Die Nacht durch, dankend in Gebet,
Die Körner ausgerieben,
Liest sie, als früh der Hahn gekräht,
Was Lieb erhielt, was Leid verweht,
Ans Feldkreuz angeschrieben,
O Stern und Blume, Geist und Kleid,
Lieb, Leid und Zeit und Ewigkeit!

(Clemens Brentano: Was reif in diesen Zeilen steht)

7.

O wunderbares, tiefes Schweigen,
Wie einsam ist's noch auf der Welt!
Die Wälder nur sich leise neigen,
Als ging der Herr durchs stille Feld.

Ich fühl mich recht wie neugeschaffen,
Wo ist die Sorge nun und Not?
Was mich noch gestern wollt erschlaffen,
Ich schäm mich des im Morgenrot.

Die Welt mit ihrem Gram und Glücke
Will ich, ein Pilger frohbereit,
Betreten nur wie eine Brücke
Zu dir, Herr, übern Strom der Zeit.

Und buhlt mein Lied, auf Weltgunst lauernd
Und schnöden Sold der Eitelkeit;
Zerschlag mein Saitenspiel, und schauernd
Schweig ich vor dir in Ewigkeit.

(Joseph von Eichendorff: Morgengebet)

8.

Manche freilich müssen drunten sterben,
Wo die schweren Ruder der Schiffe streifen,
Andre wohnen bei dem Steuer droben,
Kennen Vogelflug und die Länder der Sterne.

Manche liegen immer mit schweren Gliedern
Bei den Wurzeln des verworrenen Lebens,
Andern sind die Stühle gerichtet.
Bei den Sibyllen, den Königinnen,
Und da sitzen sie wie zu Hause,
Leichten Hauptes und leichter Hände.

Doch ein Schatten fällt von jenen Leben
In die anderen Leben hinüber,
Und die leichten sind an die schweren
Wie an Luft und Feuer gebunden:

Ganz vergessener Völker Müdigkeiten
Kann ich nicht abtun von meinen Lidern,
Noch weghalten von der erschrockenen Seele
Stummes Niederfallen ferner Sterne.

Viele Geschicke weben neben dem meinen,
Durcheinander spielt sie alle das Dasein,
Und mein Teil ist mehr als dieses Lebens
Schlanke Flamme oder schmale Leier.

(Hugo von Hofmannsthal: Manche freilich)

9.

Als mich dein Dasein tränenwärts entrückte
Und ich durch dich ins Unermessne schwärmte,
Erlebten diesen Tag nicht Abgehärmte,
Mühselig Millionen Unterdrückte?

Als mich dein Wandeln an den Tod verzückte,
War um uns Arbeit und die Erde lärmte,
Und Leere gab es, gottlos Unerwärmte,
Es lebten und es starben Niebeglückte!

Da ich von dir geschwellt war zum Entschweben,
So viele waren, die im Dumpfen stampften,
An Pulten schrumpften und vor Kesseln dampften.

Ihr Keuchenden auf Straßen und auf Flüssen!!
Gibt es ein Gleichgewicht in Welt und Leben,
wie werd´ ich diese Schuld bezahlen müssen!?

(Franz Werfel: Als mich dein Wandeln an den Tod verzückte)

10.

Allein den Betern kann es noch gelingen,
Das Schwert ob unseren Häuptern aufzuhalten
Und diese Welt den richtenden Gewalten
Durch ein geheiligt Leben abzuringen.

Denn Täter werden nie den Himmel zwingen,
Was sie vereinen, wird sich wieder spalten,
Was sie erneuern, über Nacht veralten,
Und was sie stiften, Not und Unheil bringen.

Jetzt ist die Zeit, da sich das Heil verbirgt
Und Menschenhochmut auf dem Markte feiert,
Indes im Dom die Beter sich verhüllen.

Bis Gott aus unseren Opfern Segen wirkt
Und in den Tiefen, die kein Aug´ entschleiert,
Die trocknen Brunnen sich mit Leben füllen.

(Reinhold Schneider: Allein den Betern kann es noch gelingen)

11.

Doch am vierten Tag im Felsgesteine
Hat ein Zöllner ihm den Weg verwehrt:
»Kostbarkeiten zu verzollen?« – »Keine«.
Und der Knabe, der den Ochsen führte, sprach: »Er hat gelehrt.«
Und so war auch das erklärt.

Doch der Mann in einer heitren Regung
Fragte noch: »Hat er was rausgekriegt?«
Sprach der Knabe: »Daß das weiche Wasser in Bewegung
Mit der Zeit den mächtigen Stein besiegt.
Du verstehst, das Harte unterliegt.«

Daß er nicht das letzte Tageslicht verlöre
Trieb der Knabe nun den Ochsen an
Und die drei verschwanden schon um eine schwarze Föhre
Da kam plötzlich Fahrt in unseren Mann
Und er schrie: »He, du! Halt an!

Was ist das mit diesem Wasser, Alter?«
Hielt der Alte: »Interessiert es dich?«
Sprach der Mann: »Ich bin nur Zollverwalter
Doch wer wen besiegt, das interessiert auch mich.
Wenn du's weißt, dann sprich!

(Strophen aus dem Gedicht von Bertolt Brecht: Legende
von der Entstehung des Buches Taoteking auf dem Weg des
Laotse in die Emigration)

Spirituelle Reflexionen

Wir lassen die Gedichte übergehen in spirituelle Reflexionen, nicht
dass diese nicht auch eine Ästhetik in sich bergen könnten – wie
umgekehrt Gedichte eine essenzielle Gedankendichte in sich bergen –, aber ab einem bestimmten Grad kommt es nicht mehr darauf
an, zu brillieren, es geht einfach um mehr, es geht um die letzten
Fragen des Lebens. Eichendorff drückt das ja in dem obigen Gedicht so aus:

Zerschlag mein Saitenspiel, und schauernd
Schweig ich vor dir in Ewigkeit.

Der äußerliche Trost ist eine nicht geringe Verhinderung und Scha-
den des inwendigen göttlichen Trostes.

(Thomas a Kempis: Imitatio Christi)

Wer auf sein Leid tritt, steht höher.

(Friedrich Hölderlin: Hyperion)

Drum bleibe die. Ein Sohn der Erde schein ich; zu lieben gemacht,
zu leiden.

(Hölderlin: Die Heimat)

Es ist ein Gott in uns, der leitet wie die Wasserbäche das Schicksal
und alle Dinge sind sein Element.

(Friedrich Hölderlin: Hyperion)

Alles geben die Götter, die unendlichen,
Ihren Lieblingen ganz,
Alle Freuden, die unendlichen,
Alle Schmerzen, die unendlichen, ganz.

(Johann Wolfgang von Goethe: Alles geben die Götter)

Habe Geduld gegen alles Ungelöste in deinem Herzen und versu-
che die Fragen selbst lieb zu haben wie verschollene Türen und wie
Bücher, die in einer sehr fremden Sprache geschrieben sind. For-
sche jetzt nicht nach den Antworten, die dir nicht gegeben werden
können, weil du sie nicht leben kannst. Lebe jetzt die Fragen! Viel-
leicht lebst du dann allmählich, ohne es zu merken, eines fernen
Tages in die Antwort hinein.

(Rainer Maria Rilke: Briefe an einen jungen Dichter)

Ich übernehme mich,
Ich empfange mich,
Ich glaube an den Ruf,
der mich ins Dasein hebt, der mich begleitet und mich nicht ver-
lässt,
wenn ich schließlich mein Leben als Gerufensein verstehe,
nicht als »Ich kann machen, was ich will« und nicht als
»Ich bin verdammt, der zu sein, der ich bin«,
sondern als »Ich bin gerufen, ich bin ins Sein erwählt,
dann lebe ich so, wie der Sohn mit dem Vater lebt.

(Klaus Hemmerle: Wilfried Hagemann: Trinität – Die
Suche nach dem Ursprung bei Klaus Hemmerle)

Er ist, dass ich bin – er ist meine Stärke. Ich bin nicht »an der Wand, ich bin nicht hineingedrängt und hineingedrückt in mich selber, sodass ich nicht mehr atmen kann. Er ist es, der mir auch dann noch Lebensraum ist, wenn ich keinen mehr in mir selber finde. Er ist mir inwendiger als ich mir selbst, er ist die Quelle, aus der mein Ich lebt und bestehen kann, er ist meine Stärke.

(Klaus Hemmerle: Dein Herz an Gottes Ohr)

Wir erleben immer wieder, dass manche Christen, ohne es zu wollen, den Verhältnissen, dem Ganzen, dem Leben gram sind. Es ist als ob sie es als Grundwort ihres Lebens sagen: Es ist nicht gut, zumindest nicht ganz gut. Vielleicht gibt es für sie Gott, vielleicht erwarten sie von ihm sogar etwas wie eine letztendliche Heilung und Rettung. Aber dieser Glaube an Gott und sein Heil durchdringt nicht das Atmen, das Sehen und das Leben, sondern bleibt wie eine Notlösung, ein Zusatz, welche die innere Stummheit, Ungewissheit, abgründige, misstrauische Müdigkeit nicht aufheben. Ich denke da an den Heiligen Franz von Sales. Nach langer innerer Qual, die ihn den Gedanken nicht loswerden ließ, er sei verdammt, stößt er zur Freiheit durch. Es durchbebt ihn: Ob ich gerechtfertigt bin oder nicht, ob ich verdammt werde oder nicht, du, mein Gott, bist groß, und weil du Gott bist, will ich dich anbeten, dich loben! Mit einem Schlag verschwunden die Ängste, er kann wieder atmen ... Erst wo wir Lobpreis wagen, über uns und unsere Ängste hinaus, reißt der schwarze Himmel auf.

(Klaus Hemmerle: Dein Herz an Gottes Ohr)

Gott ist das Letzte Ding des Geschöpfs. Er ist als Gewonnener Himmel, als Verlorener Hölle, als Prüfender Gericht, als Reinigender Fegefeuer. Er ist Der, woran das Endliche stirbt und wodurch es zu ihm aufersteht.

Er ist es aber so, wie er der Welt zugewendet ist, nämlich in seinem Sohn Jesus Christus, der die Offenbarkeit Gottes und damit der Inbegriff der Letzten Dinge ist.

(Hans Urs von Balthasar (1905–1988): Umrisse der Eschatologie, in: Verbum Caro. Skizzen zur Theologie)

Balthasar weist darauf hin, dass eine solche Solidarität nur Sinn hat, wenn sie nicht nur eine Gebärde von Mensch zu Mensch ist. Denn menschliches Mitleid kommt an Grenzen. »Es muss wirklich die Gebärde Gottes auf den Menschen zu sein. Und in Jesus Christus, dem Gekreuzigten, spricht Gott dem Menschen sein letztes verstummtes Wort zu. So eindringlich, weil es so stumm ist. Reden würde längst nicht mehr nützen. Beteuerungen, Tränen des Mitleids sind der Situation nicht gewachsen. Die einzig noch tragende Sprache ist die des Seins. Des Mitseins: Im nicht mehr Sagbaren. Im Unerträglichen. In jener Einsamkeit, die das äußerste Leiden schafft und wo auch die Worte, die mit »Mit« beginnen, zerbrechen.« Das Mitsein Christi mit den Leidenden und Sterbenden bis in die Abgründe des

Äußersten setzt voraus, dass hier nicht ein Mensch unter Menschen, sondern letztlich Gott selber handelt. Gottes Handeln auf Golgatha vermag aber auch Licht in die finstersten Finsternisse zu bringen. So hat Joseph Ratzinger im Blick auf das »Golgatha des 20. Jahrhunderts« den kühnen Gedanken ausgesprochen: »Es wird heute oft gefragt, wie man denn nach Auschwitz noch von Gott reden und noch Theologie treiben könne. Ich würde sagen, das Kreuz fasst im voraus den Schrecken von Auschwitz zusammen. Gott ist gekreuzigt und sagt uns, dieser so schwache Gott ist der unbegreiflich Vergebende und in seiner Abwesenheit stärkere Gott.« Die Frage wie man nach Auschwitz noch von Gott reden könne, provoziert die Gegenfrage, wie man nach Auschwitz nicht an Gott glauben kann.

(Jan-Heiner Tück zu Balthasar)

6. Philosophie, Theologie

Philosophisches Denken im Mittelalter und in der Neuzeit. Wir beginnen mit Zitaten aus dem Lexikon von Alois Halder:

Die Unterscheidung in der Prinzipienlehre des Thomas von Aquin (1225–1274) zwischen Seinsgrund und Seinsmoment (ens quo) einerseits und dem begründeten Seienden (ens quod) andererseits und ebenso die Lehre von der realen Unterschiedenheit (distinctio realis) von Materie und Form und von Wesen (Sosein, Essenz) und Akt (Dasein, Existenz) ist wichtig.
Der eigentliche Grundansatz jedoch ist die analoge Einheit alles Seienden durch den erkennenden Geist, der als Akt und Idee die Identität bedeutet, die aller Vielfalt und Vereinzelung (Individuation), sie vorgängig (a priori) einigend, zugrunde liegt.

Der letzte Grund dieser im erkennenden Denken sich bekundenden **Seinseinheit** *liegt in der Tatsache der Schöpfung. Diese Seinseinheit ist zugleich Voraussetzung für die natürlichen Gottesbeweise, in denen* **Thomas von Aquin** *das Verweisungsverhältnis der Welt auf Gott hin auf fünf Wegen* (**quinque viae**) *erhellt.*

(Alois Halder: Philosophisches Wörterbuch)

Analog ist ein Begriff, wenn er keinen eindeutigen, festliegenden, definierbaren, Wesensgehalt oder Wesenszug von dem aussagt, auf das er gerichtet ist, sondern je nach einem Bezug oder Verhältnis, in dem es zu einem anderen steht, in seiner Bedeutung variiert. Die **Analogie** *steht so in der Mitte zwischen der bloßen Mehrdeutigkeit (***Äquivozität***), die ein Begreifen unmöglich macht und der Eindeutigkeit (***Univozität***), die geradlinig das zu Erkennende erfasst. Hauptarten: metaphorische Analogie der äußeren Ähnlichkeit, die Attributionsanalogie, die besagt, daß das* **Prädikat** *»ist« im strengen Sinn nur dem selbständig Seienden (Substanz) zukommt, allem anderen nur sekundär, sofern es am Selbständigen nur mit vorkommt (Akzidenz), und die Proportionsanalogie: Sie besagt, daß der Ausdruck »ist«, »sein« zwar insofern immer dasselbe bezeichnet, als mit ihm ein bei jeglichem Seienden stets und überall gegebenes inneres Verhältnis bedeutet wird, nämlich das Zueinander von Dasein und Wesen, Wahrheit, Güte usw. (vgl.:* **Transzendentalien***); was aber in diesem Zueinander und wie es zueinander steht, kann gerade verschieden sein (gemäß der unterschiedlichen Wesensfülle je des Seienden); so herrscht bei jedem endlich Seienden eine reale Differenz zwischen Wesen und Sein (im Mittelalter insbesondere vertreten von Thomas von Aquin und anderen, eine nur formale Differenz dagegen von Duns Skotus), bei Gott, dem schlechthin Seienden, ist es dagegen vollkommene Identität. Analogie in diesem Sinn (***Analogia entis***) meint also: Alles in der Welt hat das Sein und ist durch das Sein, aber auf je verschiedene Wei-*

*se ... Alles Geschaffene ist durch Teilhabe an ihm, der nicht am Sein »teilhat« (Partizipation), sondern vom Wesen her das Sein ist. Dadurch werden die Immanenz alles nichtgöttlichen, endlichen seienden und die Transzendenz Gottes scharf betont ... Indem **Kant** das Erkennen auf den **weltlichen Erscheinungs- und Gegenstandszusammenhang** beschränkt, verneint er die Möglichkeit der Analogie, Erkenntnis im strengen Sinn leisten zu können (nicht jedoch die Nötigkeit des «Als-ob«). Bei **Hegel** ist gerade die **Erkenntnis des Absoluten** die eigentliche, sie hat jedoch die Form des »absoluten Wissens«, dessen dialektische Geschlossenheit sich im »spekulativen Satz« spiegelt, so daß die Analogie als eine bloß inferiore Stufe des Erkennens aufgehoben wird in den Gang der Dialektik.*

(Alois Halder: Philosophisches Wörterbuch)

*Die **Kategorien** bilden mit den **Modalbegriffen** und den **Transzendentalien** den apriorischen Verständnishorizont des Seins für den menschlichen Geist. Transzendent bezeichnet den logischen Status jener ontologischen Grundbegriffe, welche die Grenzen aller univoken Gattungs- und Artbegriffe (Kategorien) und noch die der Modalitäten übersteigen und so uneingeschränkt alles Seiende betreffen, das göttlich- unendliche und das geschaffene endliche, obgleich in analoger Weise: die Transzendentalien. Sie sind mit dem Seinsbegriff notwendig verbunden und wie dieser gleichen unendlichen Umfangs, daher mit ihm vertauschbar (konvertibel).*

(Alois Halder: Philosophisches Wörterbuch)

Modalität bezeichnet den ontologischen und logischen Status der Seinsweisen und entsprechenden Begriffe der Möglichkeit, Wirklichkeit und Notwendigkeit. Ihr Allgemeinheitsgrad liegt über den univoken Kategorien und unter den Transzendentalien. Kant jedoch ordnet sie unter die Kategorien ein. Sie sind bei ihm Grundweisen der **Gegenständlichkeit der Gegenstände** *(nicht des Seins des Seienden »an sich«), weil sie das* **Verhältnis des Objekts zum erkennenden Subjekt** *ausdrücken, nämlich in der Weise des* **problematischen, assertorischen oder apodiktischen Urteils** *über einen Gegenstand.*

(Alois Halder: Philosophisches Wörterbuch)

... ob der in den **Universalien** *(den Allgemeinbegriffen bes. des Seins und des Wesens) gedachte Gehalt etwas sei, das seinen Verwirklichungsformen, dem zu erkennenden Einzelseienden und dem denkenden Erkennen, vorausliegt, vor allem ob er überhaupt in dem einzelnen Wirklichen an ihm selbst gegeben oder nur im benennenden Sprechen und begreifenden Denken als* **Name** *(nomen als Lautgestalt ⟨***flatus vocis***⟩) und* **Begriff (conceptus)** *gebildet sei.*

(Alois Halder: Philosophisches Wörterbuch)

Fichtes Idealismus *verhält sich insofern als das vollkommene Gegenteil des Spinozismus oder als ein* **umgekehrter Spinozismus**, *indem er dem absoluten alles Subjekt vernichtenden Objekt des Spinoza das Subjekt in seiner Absolutheit, dem bloßen unbeweglichen Sein des Spinoza die Tat entgegensetzt.* **Das Ich** *ist für Fichte nicht nur wie für Cartesius zum Behuf des Philosophierens angenommen, sondern der wirkliche, der wahre Anfang, das absolute Prius von Allem.*

(Schelling, in: Karl Löwith: Gott, Mensch und Welt)

Die meisten Menschen würden leichter dahin zu bewegen seyn, sich für ein Stück Lava im Monde als für ein Ich zu halten.

(Fichte: Fußnote in seiner erschlagenden »Wissenschaftslehre«)

Das Universum ist nicht mehr jener in sich selbst zurücklaufender Zirkel, jenes sich unaufhörlich wiederholende Spiel, jenes Unge-

heuer, das sich selbst verschlingt, um sich wieder zu gebären, wie es schon war: es ist vor meinem Blicke vergeistigt, und trägt das eigene Gepräge des Geistes; stets Fortschreiten zum Vollkommeneren in einer geraden Linie, die in die Unendlichkeit geht.

(Fichte: Die Bestimmung des Menschen)

Gebt den Menschen das Bewusstsein dessen, was er ist, er wird auch bald lernen, zu seyn, was er soll.

(Schelling: Vom Ich als Prinzip der Philosophie)

Nur darum ist das Tier zum Teil Mensch, der Mensch aber völlig das überwundene Gestirn.

(Schelling: Darstellung des wahren Verhältnisses der Naturphilosophie zu der verbesserten fichteschen Lehre)

Nur derjenige ist auf den Grund seiner selbst angekommen und hat die ganze Tiefe des Lebens erkannt, der einmal alles verlassen hatte, und selbst von allem verlassen war, dem alles versank, und der mit dem Unendlichen sich allein gesehen: ein großer Schritt, den Plato mit dem Tode verglichen.

(Schelling: Über die Natur der Philosophie als Wissenschaft)

Wir haben in uns einen einzigen offnen Punkt, durch den der Himmel hereinscheint. Dieser ist unser Herz oder, richtiger zu reden, unser Gewissen. Wir finden in diesem ein Gesetz und eine Bestimmung, die nicht von dieser Welt sein kann, mit der sie vielmehr gewöhnlich im Kampf ist, und so dient es uns zu dem Unterpfand einer höheren Welt, und erhebt den, der ihm folgen gelernt hat, zu dem trostreichen Gedanken der Unsterblichkeit.

(Schelling: Clara oder Zusammenhang der Natur mit der Geisterwelt)

*Einseitige Tendenz führt entweder zum **Rationalismus** oder zum **Mystizismus**. Der Katholizismus hat vorzüglich am äußeren festgehalten, mit Vernachlässigung der Erkenntnis. Der Protestantismus drang nur auf Erkenntnis, auf den inneren Prozess, und so ist der äußere Hergang für ihn verschwunden. Der innere Prozess ist freilich für jeden Menschen die Hauptsache, aber auch der äußere Prozess darf nicht vernachlässigt werden. Denn auch das äußere der Erbauung hat der Herr gewollt, nicht ein bloßes Privatchristentum. Der innere Prozess dagegen ist jeden Menschen eigentümlich. Das jedoch was allen gemeinschaftlich ist woran alle sich erkennen, dass ist der äußere Hergang.*

(Schelling, Urfassung der Philosophie
der Offenbarung, 83. Vorlesung)

Ist erst das Reich der Vorstellung revolutioniert, so hält die Wirklichkeit nicht mehr stand.

(Hegel: berühmte Stelle aus einem Hegelbrief)

Auch die Theorie wird zur materiellen Gewalt, sobald sie die Massen ergreift.

(Karl Marx, Kritik der Hegelschen Rechtsphilosophie)

Und aus diesem Grund muss jeder Versuch einer Synthese von christlicher Theologie und Deutschem Idealismus scheitern, weil dieser jedwede Verantwortung des Menschen vor dem göttlichen Richter leugnen muss, um eine absolute Immanenz des menschlichen Geistes zu behaupten, in dessen Geschichte sich das Böse am Ende zum Guten wandelte.

(Kurt Anglet: aus dem Aufsatz eines Theologen, der den eschatologischen Aspekt der Religion wieder in Anschlag bringt.)

*Die **phänomenologische Methode** klammert jede Vormeinung und Vorentscheidung über den Erkenntnisgegenstand aus, auch darüber, ob er und die Welt im ganzen unabhängig von meinem Bewusstsein wirklich seien (**Epoché** als erste Stufe der phänomenologischen Reduktion), um »**zu den Sachen selbst,** wie sie sich im Bewusstsein zeigen, vorzudringen. Dieser ersten Freilegung folgt die eidetische Reduktion, die das in den veränderlichen Erscheinungen sich identisch durchhaltende Wesen als das eigentliche Phänomen im phänomenologischen Sinn sich zeigen lassen und erfahren will (**Wesensschau**). Dieses selbst ist das noematische Korrelat jeweils zu einem noetischen, nämlich den konstituierenden Akten des **intentionalen Bewusstseins**. Durch diese transzendentale Reduktion erfolgt schließlich die **Wendung zum Bewusstsein selbst als dem ursprünglichen** (a priori) und **universalen Boden jeder Sinn- und Seinsgeltung**.*

*Die **Konstitutionsleistungen des Bewusstseins** erweisen sich damit als Formen des von **Husserl** so genannten **absoluten Bewusstseinslebens**, des weltvorgängigen **absoluten Ego**, in dem alles Verhalten zu Weltlich-Gegenständlichem gründet. Damit versteht sich diese Phänomenologie als Vollendung der mit Descartes nur begonnenen, in der Folge durch die wissenschaftliche Objektinteressiertheit unterbliebenen Besinnung des Subjekts auf sich selbst. Die Phänomenologie wurde zu einem der wirkungsmächtigsten philosophischen Neuansätze des 20. Jh.*

(Alois Halder: Philosophisches Wörterbuch)

*Wenngleich der Mensch also nicht primär als **erkennendes Subjekt** (Bewusstsein gegenüber der Welt), sondern als **sorgende Existenz** (Dasein in der Welt) und das Seiende nicht als **vorhandenes Objekt**, sondern als zunächst **zuhandenes** »Zeug« angesetzt werden (und damit dem neuzeitlichen Pragmatismus erst seine philosophi-*

sche Ursprungsdimension aufgezeigt wird), bleibt »Sein und Zeit«
noch im Bannkreis transzendentalsubjektiver Überlieferung.

(Alois Halder: Philosophisches Wörterbuch)

Heideggers Denkweg von der **Bewusstseinsphänomenologie Husserls** her zur **Daseinsphänomenologie** und schließlich zu einer **Phänomenologie der geschichtlich-epochalen Seinskonstellationen** ... »Sein« wird (ab 1936/38) nicht mehr als Entwurf vom »Dasein« her verstanden, sondern als »Geschick« der Seins – und Wahrheitsgeschichte, worin dem Menschen erst jeweils die Möglichkeit seines epochal-zeitlichen Welt- und Selbstverständnisses eröffnet wird.

Heideggers Analysen abendländisch-europäischer Metaphysikgestalten zeichnen dabei diese Seins = Wahrheitsgeschichte als Geschichte gerade der **Seinsverbergung** und des **Wahrheitsentzugs**, worin zunehmend das erkennbare und behandelbare Seiende für den Menschen in den Vordergrund rückte und dieser als Subjekt jenes als Objekt auf sich zu vorstellen konnte. Wissenschaft und Technik sind dann konsequente Ausprägung der Metaphysik, und **Metaphysik ist Denken** in der **Offenbarkeit des Seienden** und der **Verdecktheit des Seins**.

Die seit dem 19. Jh. (besonders bei **Nietzsche**) auftauchende und kultur- und gesellschaftskritisch gekleidete Sinn- bzw. Sinnlosigkeitskritik (Nihilismus-Problem) wird umgewendet in ein Bedenken der Krise des Seins selbst: Dessen Entzugsgeschichte schlage im Stadium äußerster Verbergung möglicherweise um in eine **neue Geschichte der Offenbarkeit des Sinnes des Seins selbst**, der Wahrheit und damit der wesentlichen Zukunft des Menschen und seiner (auch wissenschaftlichen und technischen) Welt. Weil diese Geschichte nicht – auch nicht in einer dynamisierten (evolutiven, dialektisch geschlossenen) Metaphysik – in einem System versi-

69

cherbar ist, **versteht sich Heideggers Denken als in der Armut eines »Advents« stehendes und vorläufiges.**

(Alois Halder: Philosophisches Wörterbuch)

Der Logos ist » das wahre Licht, das jeden Menschen erleuchtet, der in die Welt kommt«. Ein personaler Mittler kann » nur « das in jedem latente eigene Licht erwecken. Es gibt einen philosophischen Grund, warum eine solche Sicht auf einen oder auch viele personale Mittler philosophisch nicht erschwinglich, d. h. nicht entscheidbar sein kann, mag sie sich auch als intelligible Rekonstruktion von geschichtlicher «Offenbarung« erweisen: Philosophische Reflektion ist «nur« Strukturreflektion. Sie kann individuelles, freies Leben nicht vorwegnehmen. Es ist auch nicht ihre Aufgabe, dieses als solches zu Wort zu bringen. Das ist Sache der Erfahrung eines jeden sowie einer möglicherweise legitimen Offenbarungstheologie oder Theosophie, das heißt spirituellen Philosophie unter Einbeziehung historischer Daten, die über das eine Jesus- Ereignis hinausgehen. Die Theologie dürfte aber nicht länger an der heute entscheidenden Frage vorbeigehen, warum es nur einen geschichtlichen Mittler geben soll – obwohl im Prinzip jeder Mensch für jeden «ein anderer Christus« sein kann und obwohl eine Vielzahl ernstzunehmender anderer Meister vor und nach dem geschichtlichen Jesus aufgetreten sind, vor allem im indischen Raum.

(Johannes Heinrichs: Die Logik des Sozialen)

Ausgangspunkt des Weges der Philosophie nach Klaus Hemmerle ist das Denken in seinem konkreten Vollzug. In ihm findet sich das Denken faktisch vor. Es vermag in dieser Faktizität die Frage zu stellen, aber nicht aus sich zu beantworten, warum überhaupt etwas und damit auch es selbst und nicht vielmehr nichts ist (F. J. W.

*Schelling). In dieser Frage nach dem Ursprung alles Seienden und seiner selbst wird es sich seiner Faktizität als kontingenter bewusst. Von der **Kontingenz des »Dass«** kann jedoch nicht auf ein erstes notwendiges Sein geschlossen werden, vielmehr nur auf die **Unvordenklichkeit allen Denkens**. Es ist also die Unerklärlichkeit seiner selbst, die das Denken als sich verdankt verstehen lässt. Es bestimmt sich als freie Zustimmung zum ihn bestimmenden Anfang und entdeckt diesen in der freien Zustimmung als sich ihm frei zubestimmt. Impliziert ist damit, das Denken als frei zubestimmte Gabe zu verstehen. »Denken darf sein«. **An die Stelle der Gewissheit verbürgenden transzendentalen Apperzeption tritt bei Hemmerle die radikale Fraglichkeit des Denkens, welches sich von seinem ihm unverfügbar Anderen her versteht ...** Eben dies nennt Hemmerle den **Übergang vom fassenden zum lassenden Denken** ... »Nicht das beherrschende Fassen, sondern erst das gehorsame Fragen erfüllt den transzendentalen Anspruch des Denkens, nichts außer sich zu lassen, denn die zulassende Gebärde des Fragens ist nicht mehr wie die zugreifende Gebärde des Fragens sich selbst entzogen: Fassen fasst nicht sich selbst, doch fragen befragt sich selbst, was und warum sein Fragen sei«. Das lassende Denken ersetzt das fassende nicht, aber das Lassen umfasst auch das Fassen. Ein solches lassendes Denken findet sein entscheidendes Kriterium in der Redlichkeit der Vernunft ihrer Sache gegenüber. Lassendes Denken versteht sich wesensgemäß nach Hemmerle als »**Antwortendes Denken**«.*

(Michael Böhnke zu Hemmerle in: Phänomenologie und Theologie im Gespräch)

Was nicht in meinem Plan lag, das hat in Gottes Plan gelegen. Und je öfter mir so etwas begegnet, desto lebendiger wird in mir die

Glaubensüberzeugung, dass es – von Gott her- gesehen – keinen Zufall gibt.

(aus dem Werk der bedeutenden Philosophin Edith Stein;
die Autorin musste im KZ Auschwitz ihr Leben lassen)

Die Kirche ist bei ihren Prinzipien intolerant, weil sie glaubt und sie ist in der Praxis tolerant, weil sie liebt. Die Feinde der Kirche sind in den Prinzipien tolerant, weil sie nicht glauben und sie sind intolerant in der Praxis, weil sie nicht lieben.

(aus dem Werk des 1964 verstorbenen – der Mystik zugetanen –
Dominikaners Reginald Garrigou-Lagrange)

»Hören die Gläubigen der großen monotheistischen Traditionen (also die Juden und die Christen und die Muslime) – wie Abraham – auf Gottes Stimme, sie antworten auf seinen Ruf und ziehen aus; sie suchen nach der Erfüllung seiner Verheißungen, streben danach, seinem Willen zu gehorchen ...«

Er, der Papst, will nicht zu jenen gehören, die »schnell damit zur Hand sind, auf die offensichtlichen Unterschiede zwischen den Religionen hinzuweisen«, »die uns glauben machen, dass unsere Unterschiede zwangsläufig Anlass zur Uneinigkeit geben und sie daher höchstens toleriert werden können, sondern er will vielmehr »deutlich deren Gemeinsamkeiten verkünden«.

Er glaubt, »dass eine Einheit möglich ist, die nicht von der Gleichförmigkeit abhängt, dass »unsere Verschiedenheiten niemals fälschlich als unvermeidlicher Grund für Reibereien oder Spannungen hingestellt werden dürfen, weder unter uns selbst noch in der Gesellschaft im ganzen«, dass »ein Leben in Treue zur Religion (gleich welcher) ein Widerhall von Gottes Gegenwart ist, die in unsere Welt hineinbricht«, dass (alle) »gemeinsam verkünden können, dass Gott existiert, dass man ihn erkennen kann, dass

(Dies sind Sätze und zugleich kommentierte Sätze von Benedikt XVI. Der damalige Papst hatte im Mai 2009 eine Ansprache gehalten vor Vertretern von Organisationen für den interreligiösen Dialog im Jerusalemer Notre-Dame-Zentrum. Der Kommentator erweist sich dann als sehr kritisch bei entscheidenden Fragen dem Papst gegenüber und kommt zu der Äußerung: »Denn die Muslime und die Juden leben nicht so, dass sie Gottes Plan für die Welt achten. Sie bestreiten ihn ja … und verachten ihn …«)

(Dietrich Bonhoeffer: Die Nachfolge und der Einzelne)

vorbeigelebt wird. Dennoch fühlen wir den Mangel immerzu, in irgendeinem Maße bemühen wir uns, irgendwo das zu finden, was uns fehlt. Irgendwo in irgendeinem Bezirk der Welt oder des Geistes, nur nicht da, wo wir hingestellt sind – gerade da und nirgendwo anders aber ist der Schatz zu finden.

(Martin Buber: Der Weg des Menschen nach der chassidischen Lehre)

Ein Chassid Rabbi Mosches von Kobryn war sehr arm. Er beklagte sich einst beim Zaddik über die Not, die ihn im Lernen und Beten behindere: »In dieser unsrer Zeit«, sagte Rabbi Mosche, »ist die größte Frömmigkeit, über alles Lernen und Beten, wenn man die Welt annimmt, wie sie steht und geht.«

Bald nach dem Tode Rabbi Mosches von Kobryn wurde einer seiner Schüler von dem alten Kozker, Rabbi Mendel, gefragt: »Was war für Euren Lehrer das Wichtigste?« Er besann sich, dann gab er die Antwort: »Womit er sich gerade abgab.«

(die letzten 2 Texte sind ebenfalls Präsentationen chassidischer Legenden von Martin Buber: Martin Buber: Das kleine Buch vom großen Rabbi)

*Ein Christ kann hier (= **Hinduismus**) nur protestieren, weil er an Gott als den Schöpfer glaubt, ist ihm diese Welt als Schöpfung wirklich. – Weil er an den Herrn glaubt, der unter Pontius Pilatus gelitten hat, ist ihm das Leiden in der Welt real. – Weil er vom Schöpfer weiß, der alles lebendig macht und dazu alles neu, erhofft er nicht die große Desillusionierung (die Welt erweist sich als **Maya** und löst sich im Nichts auf), sondern den neuen Himmel und die neue Erde.*

(Siegfried Kettling: Du gibst mich nicht dem Tode preis)

*Aber der Christ fühle sich fehl am Platz, wo man dem Menschen freundlich ansinne, auch den Wunsch und Willen, zu werden, was er ist, in sich zum Absterben zu bringen. Und dem alleinbeherrschenden Wunsch, Erlösung vom Leiden zu erlangen, bleibt der christliche Vorschlag entgegenzuhalten, das Leiden mit zähem Vertrauen auf einen möglichen Sinn und jedenfalls zu seinem Urheber zu ertragen und es nötigenfalls zu wählen. ‹Hölderlin: Drum bleibe dies. Ein Sohn der Erde schein ich: zu lieben gemacht, zu leiden.› Da der Unterschied zwischen einer Religion, die Erlösung vom Leiden, und der unsrigen, die Erlösung von der Schuld verheißt, als durchgreifend empfunden wird, bleibt die Frage, ob der Christ dennoch vom **Buddhismus** lernen könne. Sie wird bejaht. Das Heraustreten aus dieser Welt, die Loslösung von ihren Wichtigkeiten, das Gewinnen von Distanz, zumal auch von der eigenen Leistung, das ist bei den **Zen-Meditationen** zu lernen ...*

(Emma Brunner-Traut: Die fünf großen Weltreligionen)

Schaut her! Hier liegt Mutter Erde.
Schaut her! Sie schenkt uns ihre Fruchtbarkeit.
Ja, in der Tat, sie schenkt uns ihre Kraft.
Dank sei Mutter Erde, die hier trägt.

Schaut nur auf die aufblühenden Felder auf Mutter Erde!
Seht das Versprechen ihrer Fruchtbarkeit!
Ja, sie gibt uns ihre Kraft.
Dank sei Mutter Erde, die hier liegt.

Schaut wie sich die Bäume ausbreiten auf Mutter Erde!
Seht das Versprechen ihrer Fruchtbarkeit!
Ja, sie gibt uns ihre Kraft.
Dank sei Mutter Erde, die hier liegt.

Wir sehen auf Mutter Erde die Flüsse, die dahineilen;
Wir sehen das Versprechen ihrer Fruchtbarkeit,
Ja, sie gibt uns ihre Kraft.
Wir danken Mutter Erde, die hier liegt.

(aus: Fletcher (1904): Hymne der Pawnee-Indianer)

Teil II

1. Einleitung

Wir kommen nun zum Mittelstück, zur Gegenwart als Knotenpunkt von Vergangenheit und Zukunft. Durch Äußerungen in Büchern, Zeitschriften und vor allem in deren Wiedergabe in digitalisierter Form durch das Internet können wir uns täglich über uns und unsere Welt informieren, wobei bekanntermaßen die Kunst darin besteht, zu unterscheiden, ob man es mit »Wahrheit« zu tun hat oder mit ihrer, aus welchen Gründen auch immer, entstellten Form allein schon in der sogenannten einfachen Wiedergabe von Fakten.

Es gibt in dem achtteiligen Werk von Matthias Claudius eine Stelle, wo er ganz einherspielend ein »Güldenes Alphabet« und ein »Silbernes Alphabet« aufführt und gar noch ein defektes Silbernes. Wir entdeckten die Alphabete, als wir eine Leitlinie suchten, für unsere Beschäftigung mit der Gegenwart, um eine Ordnung in die mannigfaltig einströmende Datenvielfalt zu bringen, und wir selbst entschieden uns für das Alphabet als ein mehr oder weniger geeignetes Instrumentarium eines strukturierten Einsammelns von uns in den Medien Begegnendem, wohlbewusst, dass dieser Handhabe etwas Willkürliches anhaftet. Was wir selbst für uns fanden, dazu wurden wir dann noch von Claudius bestärkt, als wir sein Alphabet gleichsam als Einfangnetz für unser Vorhaben in seinem Werk aufspürten. Ab und zu streuen wir Weisheiten von ihm ein, vor allem, wenn wir keinen passenden Begriff für einen Buchstaben finden. Diese Weisheiten haben aber auch einen beruhigenden Charakter innerhalb des Wirrwarrs der durch das Alphabet verwalteten Wirklichkeit.

Zum Thema werden Personen unserer Zeit vor allem in ihrem unsere Zeit offenbarenden Auftreten, Tage des Gedenkens, Entdeckungen jedweder Art – nicht nur der ganz unmittelbaren Zeit; Ereignisse sowohl durch die Natur als auch durch Menschenhand hervorgerufen, Politik und Politiker, Leistungen der Wissenschaft und der Kunst und schließlich in der Welt der Religionen sich Zeigendes. Wir führen zu den meisten einzelnen Buchstaben nicht nur jeweils einen Begriff an, wir lassen auch einzelne Buchstaben einsam stehen. Wir kommentieren sparsam.

Die meisten angeführten Begriffe sind aus dem Internet (viele Wikipedia-Beiträge). Zum größten Teil sind sie brandaktuell. Sie sollen – wie erwähnt – Typisches, Charakteristisches unserer Zeit aufzeigen, angefangen bei »harmlosen« Dingen auf persönlicher Ebene bis … Darüber hinaus sind aber auch Daten aus der Mitte des letzten Jahrhunderts und aus dem Anfang des neuen Jahrtausends aufgeführt, in denen sich etwas ankündigte, das dann gleichsam signifikant für unsere heutige Zeit wurde: die rasante Entwicklung in den Wissenschaften und die zunehmende Aggressivität in religiösen Umfeldern.

Aus dem Jungpaläolithikum und der frühen Bronzezeit werden dann noch Dinge vorgestellt, die dann als Gegengewicht – unter anderen Gegengewichten – gegen unsere mit Problemen gefüllte Zeit gesehen werden könnten, eine erfreuliche Zugabe. (Die in das Alphabet eingearbeiteten Namen sind angeführt und eingereiht nach dem Vornamen, Donald Trump bildet die Ausnahme.)

2. Das ausgeführte Alphabet

Bekanntlich ist der erste Buchstabe des Alphabets das A, bisher hat hier noch keine Revolte stattgefunden, die zu anderer Sichtweise nötigte. Die störenden Quellen befinden sich im Anhang, also:

= A =

Abu Bakr al-Baghdadi:
Die Terrormiliz »Islamischer Staat« hat den Tod ihres Anführers al-Bagdadi bestätigt und seinen Nachfolger benannt. Ein US-General warnt vor Vergeltungsanschlägen.[1]

Alexa:
Vom Sofa aus: »Alexa, reserviere ein Flugticket zum Mond mit Fensterplatz! Kategorie des Passagiers: UP (unliebsame Person).«

Alibaba Cloud:
Mit Alibaba Cloud versucht derzeit ein neuer Player, im Cloud-Markt Fuß zu fassen. Die Tochter der Alibaba Group, Betreiber der größten chinesische Handelsplattform alibaba.com, ist in China längst Marktführer bei Cloud-Diensten. Das Unternehmen expandiert, hat weltweit Rechenzentren eröffnet und betreibt ein weltweit verteiltes Netzwerk mit eigenen Standleitungen zwischen den Rechenzentren. Das erste Rechenzentrum in Europa wurde Ende 2016 in Frankfurt eröffnet.[2]

Amazonas-Synode:
Die Augen der Weltkirche richten sich vom 6. bis zum 27. Oktober 2019 auf den Vatikan. Dort kommen Kardinäle, Bischöfe und Ex-

perten zusammen, um bei einer Sondersynode über »neue Wege für die Kirche und eine ganzheitliche Ökologie« im Amazonas-Gebiet zu sprechen. Ein besonderes Augenmerk gilt dabei der Priesterweihe verheirateter Männer.[3]

Die Synode in Rom am Tiber ist inzwischen vorbei. »Fortschrittliche« und Konservative finden schwer zusammen. Wer könnte schon etwas vorbringen gegen indigene (auch: autochthone) Völker? Ein solcher wäre mindestens verrückt. Auch gegen Fruchtbarkeitskulte im Umfeld der Göttin Pachamama ist nichts einzuwenden, auch nichts gegen Maßnahmen, die sich für eine ganzheitliche Ökologie dort einsetzen.

Kritisch wird es aber, wenn das genuin »Christliche« außer Acht gelassen wird zugunsten einer verwässerten Christlichkeit. Kein Mut mehr zu Bekenntnis, zu dem Wort Gottes, zur Bibel, zu Leben, Tod und Auferstehung Christi. zu den Sakramenten, zu Kult und Liturgie katholischer Provenienz. Das Katholische wird geopfert auf dem Altar eines Universalismus, der über die heidnische Verehrung der allumfassenden Natur nicht hinauskommt. Sind das Katholische und das Planetarische (das die Biosphäre Betreffende, die Gaia, die Mutter Erde) so einfach austauschbar?

Katholisches Auftreten ist problematisch, wenn es ohne wahres Gespür, wenn es kalt und autoerotisch ist. Von Charles Péguy (1873–1914) stammt der nachdenkenswerte Satz: *»Weil sie nicht den Mut haben, auf der Seite der Welt zu sein, glauben sie auf der Seite Gottes zu stehen. Weil sie nicht den Mut haben, sich im menschlichen Leben zu engagieren, glauben sie für Gott zu kämpfen. Weil sie niemanden lieben, glauben sie Gott zu lieben.«*
Katholisches Auftreten ist ferner problematisch, wenn es dem Zeitgeist nicht widersteht und allzu schnell auch einer antiklerikalen Stimmung nachgibt.

»Gott sei Dank« gibt es noch eine kleine Priesterschaft, die umsichtig, tief sehend und engagiert ist, und es gibt noch solche Menschen wie Karl Philberth oder den Theologen Paul Natterer, um einige wenige zu nennen. Frei weht noch der Geist eines Klaus Hemmerle und eines Hans Urs von Balthasar.

Angel of the West:
Julian Voss- Andreae schafft 2008 eine Skulptur (im Freien stehend in Jupiter, Florida), die auf die Ähnlichkeit der Antikörperstruktur der Proteine des Immunsystems mit den Proportionen des menschlichen Körpers in der Zeichnung des vitruvianischen Menschen von Leonardo da Vinci aufmerksam macht. Die unglaublichen Leistungen der Naturwissenschaften dringen in die dem Auge unsichtbaren Ebenen – nur mit »den Augen« eines Fluoreszenzmikroskops erfassbar – vor und siehe da: durchgehende Ähnlichkeiten der Grundstrukturen auf allen Ebenen, von wo auch immer man herunterbricht.

= B =

Bilderberg-Konferenz:
Die Bilderberg-Konferenzen sind informelle Treffen von einflussreichen Personen aus Wirtschaft, Politik, Militär, Medien, Hochschulen, Hochadel und Geheimdiensten, bei denen Gedanken über aktuelle politische, wirtschaftliche und gesellschaftliche Themen ausgetauscht werden.[4]

Bitcoin:
Die weltweit führende Kryptowährung auf Basis eines dezentral organisierten Buchungssystems. Überweisungen werden kryptogra-

fisch legitimiert und über ein Netz gleichwertiger Rechner abgewickelt. Anders als im klassischen Bankensystem üblich, ist kein zentrales Clearing der Geldbewegungen notwendig.[5]

= C =

China:

Der scheinbare Dornröschenschlaf ist vorbei. Die Zigmillionen fleißigen Hände, die Zigmillionen Blüten bestäuben – weil eine leidende Natur ihrer Aufgabe nicht mehr nachkommen kann – künden von einem immensen Fleiß, der, politisch äußerst straff organisiert, sich in die Welt begibt, in die eigene und auch in die übrige, den Mond nicht ausgenommen. Tagtäglich zu registrieren: In China beginnt eine Renaissance alter – latent schlummernder – Tugenden wie Intelligenz und Willen, Ausdauer, strategische Potenz und: asiatische Gelassenheit – das positive Gegenstück zur gerügten asiatischen Trägheit.

Cixin Liu:

Cixin Liu ist Chinese und neunfacher Galaxy-Award-Gewinner. Er war 2015 Preisträger des renommierten Hugo-Awards für den besten Science-Fiction-Roman.[6]

= D =

Digitale Währung:
Eine Währung, die in digitaler Form verfügbar ist. Sie weist ähnliche Eigenschaften wie physische Währungen auf, kann jedoch so-

fortige Transaktionen und eine grenzenlose Übertragung des Eigen-
tums ermöglichen.[7]

*Dring und durchdringe die Natur; Wer sie durchdringt, beherrscht
sie nur.*
> (Claudius: »Ein silbern dito« nachdem er im Text vor-
> her ein »Gülden ABC« aufgeführt hatte)

Drohne:
Ein unbemanntes Fahrzeug, das im Allgemeinen ohne Personenbe-
satzung eigenständig operiert oder ferngesteuert wird.

= E =

Europa Cloud Gaia X:
Dahinter steht die Vision für einen europäischen Cloudservice, der
Daten souverän sichern soll – unabhängig von amerikanischen
Konzernen. Noch befindet sich das ehrgeizige Projekt zwar in der
Planungsphase, schon Ende 2020 soll aber der Livebetrieb mit ers-
ten Firmen starten.[8]

= F =

Fake News:
Als Fake News werden manipulativ verbreitete, vorgetäuschte
Nachrichten bezeichnet, die sich überwiegend im Internet, insbe-
sondere in sozialen Netzwerken und anderen sozialen Medien zum
Teil viral verbreiten.[9]

Flüchtlinge

»Die Flüchtlinge« und allein die rechte Definition der damit unmittelbar zusammenhängenden Begriffe sind immer noch das zentrale Problem der Politik wie das Klima, die Frage nach der Gerechtigkeit und die vernünftig geführte Diskussion zum Thema »Gender«.

Fridays For Future:

Bewegung mit viel Herz und Engagement für einen Umgang mit der Natur, der nicht nur von marktwirtschaftlichen Interessen und Machtkalkül bestimmt ist. Gut! Schnell sind auch die Temperaturen der Gemüter angestiegen und zeigen ein Krankheitsbild. Mit viel Wissen und mit viel Umsicht begegnet der gute Arzt der Gefahr einer sich verschlimmernden Krankheit. Er ist sich bewusst, dass auch die marktwirtschaftlichen Interessen und das Machtkalkül in bestimmter Weise Krankheiten sind, die dringend der Medizin bedürfen. Das Feuer der zu Recht Bewegten bedarf aber einer Eindämmung, damit die demokratischen Grundfeste nicht erschüttert werden durch Argumente, die scheinbar so zwingend sind und die dazu berechtigen sollen, Freiheitsrechte allzu unüberlegt zu beschneiden. Tugendpredigten und Terror liegen eng beieinander.

Fukushima:

Als Nuklearkatastrophe von Fukushima werden eine Reihe von katastrophalen Unfällen und schweren Störfällen im japanischen Kernkraftwerk Fukushima Daiichi und deren Auswirkungen bezeichnet. Die Unfallserie begann am 11. März 2011).[10]

$$= G =$$

Gender (Gender, Gendertheorie, Genderideologie, Genderismus):
Unter so vielen zentralen Problemen das vorzüglichste. Es geht um die Wurst, auch um Conchita Wurst. Der Mensch hat ein Geschlecht. Ist dieses auch nur ein Konstrukt? Biologisches Geschlecht hier, soziales durch Gesellschaft, Kultur und Geschichte bestimmtes dort. Soll die Frau »nur« Ehefrau und Mutter sein oder sollen ihr auch die Türen offenstehen zu allen Bereichen in der Gesellschaft? Soll also Gleichberechtigung walten? Ja! Gleichberechtigung soll walten!

Sollen mögliche Identitätskrisen aufgrund sexueller Andersartigkeit auf nationalsozialistische Art gelöst werden? Dreimal nein! Gott bewahre!!! Gibt es eine Antithetik von genuiner Gendertheorie und von Gott gewollter Schöpfungsordnung? Ja!, nämlich die Infragestellung der Heterosexualität als das Normale verstößt gegen Verstand und Gottes Willen.

Für Papst Franziskus steht mit der Gender-Ideologie die Herzmitte der christlichen Offenbarung auf dem Spiel. In der Erschaffung des Menschen als Mann und Frau spiegle sich das Wesen Gottes selbst wider, der lebendige Liebe im Austausch unter den drei göttlichen Personen sei. Der Unterschied von Mann und Frau sei das Meisterwerk des Schöpfers, in dem die Berufung des Menschen zur Liebe und Fruchtbarkeit aufstrahle. Werde dieser Unterschied geleugnet und ausgemerzt, gerate die gesamte Weltordnung aus den Fugen.[11]

Mit dieser Äußerung macht sich Papst Franziskus verdient gegenüber einer allergischen und aggressiven heutigen Öffentlichkeit, die im Grunde nicht aus noch ein weiß.

Dass die Gendertheorie Bestandteil des Programms des EU-Instituts für Gleichstellung ist, verwundert nicht.

Gentrifizierung:
Als Gentrifizierung, auch Gentrifikation, im Jargon auch Yuppisierung, bezeichnet man den sozioökonomischen Strukturwandel großstädtischer Viertel durch eine Attraktivitätssteigerung zugunsten zahlungskräftigerer Eigentümer und Mieter als vorher und deren anschließenden Zuzug.[12]

Gini-Koeffizient Deutschland:
Das Armutsproblem habe das Zeug, zum »sozialen Sprengsatz« in Deutschland zu werden. Das stammt nicht etwa von Linken-Chefin Katja Kipping, sondern von Annegret Kramp-Karrenbauer, als sie noch nicht CDU-Chefin, sondern Generalsekretärin der Partei war. Dass es eine soziale Spaltung in Deutschland gibt, wird also längst bis in konservative Kreise hinein anerkannt.[13]

= H =

Hashtag:
Ein mit Doppelkreuz versehenes Schlagwort, das dazu dient, Nachrichten mit bestimmten Inhalten oder zu bestimmten Themen in sozialen Netzwerken auffindbar zu machen. Die so ausgezeichnete Zeichenkette fungiert als Meta-Tag und Meta-Kommentierung.[14]

Huawei:
Ein 1987 von Ren Zhengfei gegründeter Telekommunikationsausrüster mit Sitz in Shenzhen, einer Sonderwirtschaftszone in China in direkter Nachbarschaft zur Sonderverwaltungszone Hongkong. Der Konzern hat weltweit rund 194.000 Mitarbeiter.[15]

Hype:
Der Hype um Angela Merkels Deutschland-Handtasche wird auch vorübergehen.

= I =

Impeachment Trump:
Der Justizausschuss im US-Repräsentantenhaus hat US-Präsident Donald Trump bei den Impeachment-Ermittlungen gegen seine Person zu einer Anhörung eingeladen. Der Ausschussvorsitzende Jerry Nadler fragte Trump in einem Schreiben, ob der Präsident und seine Anwälte an der Anhörung am Mittwoch nächster Woche teilnehmen oder Zeugen befragen wollten.

Es wird nicht erwartet, dass Trump – der die Ermittlungen als »Hexenjagd« verurteilt – der Einladung nachkommt. Nadler teilte mit, Trump könne die Chance ergreifen, bei den Anhörungen vertreten zu sein, »oder er kann damit aufhören, sich über den Prozess zu beklagen«.[16]

=J=

Jahr des Baumes 2020:
Die Robinie ist der Baum des Jahres 2020. Mit zarten Fliederblättern und duftend weißen Blüten sei die Baumart ein schöner Farbtupfer in Deutschlands Parks, Gärten und Wäldern, teilte die Stiftung mit.

Joshua Wong:

Joshua Wong Chi-fung ist ein Studentenaktivist sowie Generalsekretär der Hongkonger Partei Demosistō. Er war Mitbegründer der 2011 gegründeten Aktivistengruppe der Oberschüler und Studenten Scholarism und erlangte 2014 breite internationale Aufmerksamkeit als einer der Wortführer der Proteste in Hongkong.[17]

= K =

Killerroboter:

Lethal autonomous weapons, kurz LAWs (deutsch: *Tödliche autonome Waffen*) sind Waffensysteme, die entwickelt wurden, um militärische Ziele (Personen, Anlagen) ohne weitere menschliche Einwirkung auszuwählen und anzugreifen. Sie können in der Luft, an Land, zu Wasser, unter Wasser oder im Weltraum betrieben werden. Diese Waffensysteme können selbstständig Daten analysieren, sich frei in ihrem Einsatzgebiet bewegen und die ihnen zur Verfügung stehenden Waffen wie z. B. Maschinengewehre, Kanonen oder Raketen steuern. Erst durch die enormen Fortschritte auf dem Gebiet der künstlichen Intelligenz in den letzten Jahren wurde die Entwicklung solcher autonom agierender Killerroboter ermöglicht. Diese Roboter können entweder an bestimmten Stellen fest montiert sein, wie zum Beispiel auf Kriegsschiffen, entlang von Grenzen oder in der Nähe schützenswerter militärischer oder ziviler Einrichtungen, oder sie können sich selbstständig auf unterschiedlichste Arten fortbewegen.

Der potenzielle Einsatz dieser Waffensysteme wirft eine ganze Reihe an rechtlichen, ethischen und sicherheitspolitischen Fragen auf, über die bei den Vereinten Nationen in Genf diskutiert wird. Ein Verbot steht aber nicht zur Debatte. Die Verhandlungen über das

Ächten von Killerrobotern und -drohnen in Genf mussten 2018 ergebnislos abgebrochen werden. Rüstungsmächte wie die USA lehnen eine internationale Gesetzgebung ab. Die Haltung Deutschlands ist ambivalent.[18]

Klima (Klimawandel, Klimaleugner, Klimahysterie):
Es ist hier schon keine sachliche Diskussion mehr möglich. Meinungsindoktrination macht sich breit. Verpflichtende Opfer werden gefordert von einer Angst und schlechtes Gewissen schürenden Umweltpolitik, die im Auftrag eines Weltbeglückungswahns jedwede skeptische Einwände von vornherein als reaktionär abqualifiziert. Als ob nicht mittlerweile selbst die Unbeweglichsten unter den »Reaktionären« begriffen hätten, dass zum Beispiel Raubbau in der Natur und rücksichtslose Tierhaltung schon einen Ausgangspunkt bilden könnten und müssten für eine partielle Gemeinsamkeit im politischen Entwurf von Handlungsmaßnahmen für die vom Menschen verantwortungsvoll und konstruktiv zu bewahrende Schöpfung.

Klonen:
Absolut identisches Erbgut: Chinesische Wissenschaftler schaffen fünf Klone von einem genetisch manipulierten Affen. Sie wollen so die Erforschung von Biorhythmusstörungen voranbringen. Deutsche Wissenschaftler reagieren mit Vorsicht.[19]

Künstliche Intelligenz:
Künstliche Intelligenz, auch artifizielle Intelligenz, englisch artificial intelligence, ist ein Teilgebiet der Informatik, das sich mit der Automatisierung intelligenten Verhaltens und dem maschinellen Lernen befasst.[20]

Kybernetik:

Nach ihrem Begründer Norbert Wiener die Wissenschaft der Steuerung und Regelung von Maschinen und deren Analogie zur Handlungsweise von lebenden Organismen und sozialen Organisationen. Sie wurde auch mit der Formel »die Kunst des Steuerns« beschrieben.[21]

= L =

Libra:

Eine von Facebook Inc. geplante private Komplementärwährung, die 2020 auf den Markt kommen soll. Die digitale Währung soll durch eine zu diesem Zweck gegründete Organisation namens Libra Association betrieben werden. Nutzer kaufen Libra mit ihrer Landeswährung.[22]

Luxor:

In Südägypten haben französische Archäologen drei Holzsärge gefunden, die den Angaben zufolge rund 3.500 Jahre alt sind. Laut dem ägyptischen Antikenministerium sind die Särge in gutem Zustand und auf der Außenseite mit farbigen Inschriften und Hieroglyphen verziert. Die Fachleute verorten die Särge in der Zeit der 18. Dynastie des alten Ägyptens, also zwischen 1550 und 1292 vor Christus. Die Fundstücke lagen in der Grabstätte Al-Asasif nahe der Stadt Luxor. Hier wurden im Oktober schon einige 3.000 Jahre alte Särge entdeckt.[23]

= M =

Marieke Vervoort:
Die belgische Rollstuhlathletin und Paralympics-Siegerin beendete im Oktober 2019 mittels Sterbehilfe ihr Leben.

Monderoberung:
Am 21. Juli 1969 um 3:56 Uhr MEZ betraten im Zuge der Mission Apollo 11 die ersten Menschen den Mond: Neil Armstrong und Butz Aldrin. In den folgenden drei Jahren fanden fünf weitere bemannte Mondlandungen des Apollo-Programms statt. Als dritter Nation gelang der Volksrepublik China eine weiche Mondlandung; die chinesische Sonde Chang'e-3 setzte am 14. Dezember 2013 auf dem Mond auf. Am 3. Januar 2019 landete mit Chang'e-4 erstmals eine Sonde auf der Mondrückseite.[24]

Mustafa Alptug Sözen:
Er war einer von vielen jungen Menschen, die an der beruflichen Ludwig-Geißler-Schule in Hanau für ihre Zukunft lernten und arbeiteten. Doch diese Zukunft wird für den jungen Mann mit türkischen Wurzeln niemals beginnen. Abrupt wurde der Siebzehnjährige im November 2018 aus dem Kreis seiner Mitschüler gerissen. Als er gerade von einem Praktikum in Frankfurt kam, sah er an der S-Bahn-Haltestelle Ostend einen hilflosen Mann auf den Gleisen liegen. Mit einem anderen Mann versuchte er, dem schwer alkoholisierten Obdachlosen zu helfen. Dabei wurde er von einem Zug erfasst und so schwer verletzt, dass er an Ort und Stelle starb.[25]

Nebra:

Nahe dieser Stadt wurde sie 1999 von Raubrittern gefunden, die Himmelsscheibe von Nebra: eine 3700 bis 4100 Jahre alte kreisförmige Bronzeplatte mit Applikationen aus Gold. Sie ist die älteste bisher bekannte konkrete Himmelsdarstellung. Das Artefakt der Aunjetitzer Kultur aus der frühen Bronzezeit Mitteleuropas zeigt astronomische Phänomene und religiöse Symbole.[26]

Nine-Eleven:

Die Terroranschläge am 11. September 2001 waren vier koordinierte Flugzeugentführungen mit anschließenden Selbstmordattentaten auf wichtige zivile und militärische Gebäude in den Vereinigten Staaten von Amerika.[27]

Datum: 11. September 2001

Täter: al-Qaida

Gesamtzahl der Todesfälle 2.996

Angriffstypen: Flugzeugentführung, Massenmord, Selbstmordattentat, Terrorismus

Notre Dame de Paris:

Frankreichs Mitte brennt. Als historische Feuersbrunst wird der Montag in die Geschichtsbücher eingehen. Schon jetzt ist klar: Die Kathedrale wird nie wieder aussehen wie zuvor.[28]

= O =

O Herr, lehr uns bedenken wohl,
Daß wir sind sterblich allzumal.

(Claudius: »Ein gülden ABC«)

= P =

Parasite:

Film des südkoreanischen Regisseurs Bong Joon-ho aus dem Jahr 2019. Gesellschaftskritische Tragikomödie über zwei südkoreanische Familien, die unterschiedlicher kaum sein könnten. Ki-taek (Song Kang-ho) und seine Frau Chung-sook (Hyae Jin Chang) sind arbeitslos und können sich und ihre Familie gerade so mit dem Falten von Pizza-Kartons über Wasser halten. Am Rande der Gesellschaft lebend sind sie und ihre beiden Kinder Ki-woo (Woo-sik Choi) und Ki-jung (So-dam Park) immer auf der Suche nach frei zugänglichem WLAN und öffnen die Fenster weit, wenn die Straßenreinigung Ungezieferbekämpfungsmittel sprüht, um gegen die Kakerlaken in ihrer Kellerwohnung anzukommen. Aus der Not heraus fälscht Teenager Ki-woo Zeugnisse und ergattert einen Job als Nachhilfelehrer bei der wohlhabenden Familie Park. Nach und nach gelingt es ihm, auch seiner restlichen Familie Anstellungen bei den Parks zu vermitteln. Doch kann dies wirklich ein Weg aus der sozialen Benachteiligung sein?[29]

93

= Q =

Quantencomputer:
Ein Prozessor, dessen Funktion auf den Gesetzen der Quantenmechanik beruht. Im Unterschied zum klassischen Computer arbeitet er nicht auf der Basis der Gesetze der klassischen Physik bzw. Informatik, sondern auf der Basis quantenmechanischer Zustände.[30]

= R =

Radiokarbonmethode:
Entwickelt wurde die Radiokarbondatierung 1946 von Willard Frank Libby, der für diese Leistung 1960 mit dem Nobelpreis für Chemie ausgezeichnet wurde.
Die Radiokarbonmethode, auch Radiokohlenstoffdatierung, $^1\square$C; C14-Datierung oder Radiokarbondatierung bzw. Radiokarbondatierung ist ein Verfahren zur radiometrischen Datierung kohlenstoffhaltiger, insbesondere organischer Materialien. Der zeitliche Anwendungsbereich liegt zwischen 300 und etwa 60.000 Jahren.[31]

Reinhold Schneider:
»Jetzt verkaufen Sie Reinigungs- oder Waschmittel über ›Frosch‹. Erdal gehört auch zum Unternehmen. Das gute Image zahlt sicher auf die Marke ein. Macht sich das Plastik-Recycling für ›Werner und Mertz‹ auch irgendwie ›bezahlt‹?«, fragt der Interviewer.
 Reinhold Schneider antwortet: *»Na ja, also wir haben das Glück, dass wir kein börsennotiertes Unternehmen sind und uns nicht am Ende des Quartals irgendwelchen Analysten gegenüber rechtfertigen müssen, wie wir den ›Shareholder-Value‹ wieder maximiert*

*haben. Unsere Umsatzrendite ist wahrscheinlich durchaus gerin-
ger als die unserer großen Wettbewerber. Aber als Familienunter-
nehmen hat man einfach einen längeren Planungshorizont. Und
man möchte seinen Kindern oder Enkeln in die Augen schauen
können, wenn sie fragen Papa oder Großpapa, was hast du denn
beigetragen, zum Erhalt des Planeten und welche sinnstiftenden
Aktivitäten waren das, außer einfach irgendwie nur Geld zu machen. Und das sind vielleicht Aspekte, die möglicherweise auch in
der Wahrnehmung der jüngeren Generation wieder an Wert gewinnen, weil da die Frage nach dem ›warum‹ und dem ›wie‹ auch
wieder sehr stark in den Vordergrund kommt. Und das ist auch gut
so, weil wir können tatsächlich Kreislaufwirtschaft in Gang bringen, wenn die Sensibilität dafür da ist. Die Technologien wären
verfügbar.«*[32]

= S =

Seidenstraße, neue:
Grob gesagt ist die Neue Seidenstraße ein Investitionsprogramm, in
dessen Rahmen neue Infrastrukturverbindungen zwischen Europa,
Asien und Afrika geschaffen werden. Dabei soll das gesamte Vo-
lumen aller Projekte bis zu eine Billion Dollar betragen. Bisher
sind rund 90 Prozent der Aufträge an chinesische Firmen gegan-
gen – so eine Studie des Center for Strategic and International Stu-
dies in Washington. In Ländern wie Pakistan, Myanmar oder Kenia
wird also Infrastruktur vorwiegend mit chinesischen Materialien
und Arbeitern errichtet.[33]

Selfie:
Eines der größten Kreuzfahrtschiffe der Welt ist gerade auf dem Weg zur Karibik-Insel Haiti. Da sieht ein Mann eine Frau über die Reling klettern. Er schlägt Alarm und die Crew kann die Frau ausfindig machen und retten. Als Grund hat die Passagierin angegeben, dass sie nur ein Selfie machen wollte.[34]

Sineenat »Koi« Wongvajirapakdi:
Jüngst jagte Maha Vajiralongkorn, der König Thailands, seine offizielle Geliebte vom Hof. Der thailändische König Maha Vajiralongkorn, genannt Rama X., amüsierte einst mit skurrilen Auftritten. Jetzt überrascht er mit offenbarem Hass und seiner Gnadenlosigkeit. Wie die Bild-Zeitung berichtet, soll der 67-Jährige seine Ex-Geliebte, Sineenat »Koi« Wongvajirapakdi, in ein Hochsicherheitsgefängnis in Bangkok gesteckt haben. Dieses wird höhnisch auch das »Bangkok Hilton« genannt.[35]

Skype:
Ein im Jahre 2003 eingeführter kostenloser Instant-Messaging-Dienst, der seit 2011 im Besitz von Microsoft ist. Unterstützt werden Videokonferenzen, IP-Telefonie, Instant-Messaging, Dateiübertragung und Screen-Sharing. Der Dienst lässt sich sowohl mit dem zugehörigen Anwendungsprogramm nutzen, das für viele Betriebssysteme angeboten wird, als auch unter web.skype.com über einen Browser. Die Datenübertragung basiert auf einem proprietären Netzwerkprotokoll.[36]

Sprunginnovation:
»Vor rund 100 Jahren waren die führenden Physik- und Chemiebücher in Deutsch geschrieben. Selbst die amerikanischen Wissenschaftler kamen zum Studieren nach Deutschland und lernten erst

mal Deutsch«, sagt Rafael Laguna de la Vera. Der gebürtige Leipziger und erfolgreiche Unternehmer wurde vor Kurzem von Bundesforschungsministerin Anja Karliczek und Bundeswirtschaftsminister Peter Altmaier zum Gründungsdirektor der Agentur für Sprunginnovationen berufen. Sprunginnovationen sind solche Innovationen, die eine radikale technologische Neuerung beinhalten. Sie haben das Potenzial, bislang bekannte Techniken und Dienstleistungen bahnbrechend zu verändern und zu ersetzen.[37]

= T =

Taifun in Tokyo 12.10.2019:
Der Taifun Hagibis war ein großer und mächtiger tropischer Wirbelsturm, der seit Ida 1958 als der verheerendste Taifun gilt, der die Region Kantō in Japan heimsuchte. Hagibis verursachte zusätzliche Auswirkungen auf Japan, nachdem Faxai einen Monat zuvor die gleiche Region getroffen hatte. Den Taifun alphabetisieren wir nicht unter seinem Namen.[38]

Tesla:
Aus einer ganz anderen Perspektive stellt sich der PayPal-, Tesla- und SpaceX-Gründer Elon Musk die Entwicklung künstlicher Intelligenz vor. Er sieht sie als »Herbeirufen eines Dämons«, den er für gefährlicher als Kernwaffen hält.
Online-Bezahlsystem: PayPal; privates Raumfahrtunternehmen: SpaceX; Elektroautohersteller: Tesla. Neueste Meldungen lassen die batteriebetriebenen Autos als höchst problematisch erscheinen, hinsichtlich der wirtschaftlichen Effizienz und der behaupteten Entlastung des naturschädlichen Eingreifens des Menschen in die Natur.[39]

97

Thomas Cook:

Vor acht Wochen ist mit Thomas Cook die zweitgrößte Reisegesellschaft Europas pleitegegangen. 660.000 Kunden saßen direkt fest. Weitere Hunderttausende mussten auf ihre schon gebuchten Reisen verzichten.[40]

Trump, Donald:

Mächtigster Mann Amerikas. Agiert. Er ist wenig zur Kommunikation bereit. Schottet sein Volk ab zugunsten des Volkes? Twittert viel und mit Leidenschaft. Impulsiv und ohne Weitsicht.

Im Handelsblatt sagt der Volkswirtschaftslehrer Paul Krugman: *»Alles, was Trump bezweckt hat, ist nicht eingetroffen. Im Gegenteil: Die Investitionen der Unternehmen sinken, trotz Steuersenkungen. Die Industrieproduktion schrumpft, trotz all der Strafzölle, die sie schützen sollen.«* Gegen Ende des Interviews sagt Krugman: *»Trump spaltet das Land, er schüchtert die Medien ein, mit dem Ziel, eine Art kapitalistischer Vetternwirtschaft einzurichten.«*

= U =

Und wenn sie alle Dich verschrein,
So wickle in Dich selbst dich ein.

(Claudius: »Ein gülden ABC«)

= V =

Venus vom Hohlefels:

Eine etwa sechs Zentimeter hohe, aus Mammut-Elfenbein geschnitzte Venusfigurine, die im September 2008 bei Ausgrabungen in der Karsthöhle Hohle Fels am Südfuß der Schwäbischen Alb bei Schelklingen entdeckt wurde. Die Venusfigurine stammt aus der jungpaläolithischen Kultur des Aurignacien. Das Aurignacien ist die älteste archäologische Kultur des europäischen Jungpaläolithikums und zeitgleich mit der Ausbreitung des anatomisch modernen Menschen in weiten Teilen West-, Mittel- und Osteuropas.[41]

Voodoo

Voodo, auch Vodun, Voudou, Wudu oder Wodu, ist eine synkretistische Religion, die sich ursprünglich in Westafrika entwickelte und heute auch in kreolischen Gesellschaften des atlantischen Raums und vor allem in Haiti beheimatet ist. Durch die Sklaverei kam die Praxis aus den traditionellen Religionen Westafrikas in die Karibik, wobei Elemente anderer Religionen – vorwiegend der christlichen – eingebracht wurden. Weltweit hat Voodoo etwa 60 Millionen Anhänger.[42]

= W =

Waltrop:

Ein wahrer Horror-Unfall hat sich in Waltrop ereignet. Ein 17-Jähriger setzte sich offenbar nach einer »Pinkel-Pause« unerlaubt ans Steuer eines 400-PS-starken Autos und krachte kurz nach Fahrtantritt gegen einen Baum. Offenbar war Alkohol im Spiel.[43]

Whistleblower:

Ein Whistleblower ist eine Person, die für die Allgemeinheit wichtige Informationen aus einem geheimen oder geschützten Zusammenhang an die Öffentlichkeit bringt.[44]

= X =

Xi Jinping:
Herrscher des Reichs der Mitte. Handelt. Lächelt. Schweigt.
Kommt auf der neuen Seidenstraße in die alte Welt zur Visite.

= Y =

Yahoo:
Die Altaba Inc. ist eine US-amerikanische Beteiligungsgesellschaft,
die unter anderem Anteile an Alibaba und Yahoo!-Japan hält. Ge-
gründet wurde das Unternehmen als Internetunternehmen von David Fil und Jerry Yang im Januar 1994 unter dem Namen Yahoo.
1996 ging Yahoo mit 46 Angestellten an die Börse. 2009 arbeiteten
insgesamt rund 13.500 Mitarbeiter für Yahoo.[45]

= Z =

Zölle (Zölle, Strafzölle, Trump):
Die beiden größten Volkswirtschaften liefern sich seit mehr als
einem Jahr einen erbitterten Handelskrieg mit gegenseitigen Straf-
zöllen. Das bleibt nicht folgenlos: Der Konflikt drosselt die wirtschaftliche Entwicklung in beiden Ländern und schwächt auch die
Weltkonjunktur, worunter Deutschland als große Exportnation besonders zu leiden hat.[46]

Unter »Z« finden wir momentan nicht so leicht noch etwas. Als
Abschluss dachten wir dann an etwas mehr Poetisches, das Prosai-
sche des Alltags Transzendierendes.

Claudius konnte nicht befriedigen, bei Ludwig Tieck fanden wir
unter Zeit:

So wandelt sie im ewig gleichen Kreise,
Die Zeit, nach ihrer alten Weise,
Auf ihrem Wege taub und blind;
Das unbefangne Menschenkind
Erwartet stets vom nächsten Augenblick
Ein unverhofftes seltsam neues Glück.
Die Sonne geht und kehret wieder,
Kommt Mond und singt die Nacht hernieder,
Die Stunden die Wochen abwärts leiten,
Die Wochen bringen die Jahreszeiten.
Von außen nichts sich je erneut,
In dir trägst du die wechselnde Zeit,
In dir nur Glück und Begebenheit.

(Ludwig Tieck: Zeit)

Teil III

1. Einleitung

Matthias Claudius (15. August 1740 Reinfeld – 21. Januar 1815 Hamburg)

Wir beginnen also mit einem Testament, das kein Gold und Silber vermacht, sondern ein »Ktema eis aei« (κτῆμα ἐς ἀεί ist die griechische Schreibweise für den Ausdruck, dass etwas ein unverlierbarer Besitz sei.) ist. Dieses Testament – vor zwei Jahrhunderten verfasst – ist an Johannes gerichtet, einen der Söhne von Claudius, es wird aber ebenso seinen Adressaten finden in einer weiblichen Leserschaft.

2. »An meinen Sohn Johannes«

An meinen Sohn Johannes

Gold und Silber habe ich nicht;
was ich aber habe, gebe ich Dir.

Lieber Johannes!

Die Zeit kommt allgemach heran, daß ich den Weg gehen muss, den man nicht wiederkömmt. Ich kann Dich nicht mitnehmen und lasse Dich in einer Welt zurück, wo guter Rat nicht überflüssig ist.

Niemand ist weise von Mutterleib an; Zeit und Erfahrungen lehren hier und fegen die Tenne. Ich habe die Welt länger gesehen als Du. Es ist nicht alles Gold, lieber Sohn, was glänzt, und ich habe manchen Stern vom Himmel fallen und manchen Stab, auf dem man sich verließ, brechen sehen. Darum will ich Dir einigen Rat geben und Dir sagen, was ich gefunden habe und was die Zeit mich gelehrt hat. Es ist nichts groß, was nicht gut ist, und nichts wahr, was nicht besteht. Der Mensch ist hier nicht zu Hause, und er geht hier nicht von ungefähr in dem schlechten Rock umher. Denn siehe nur, alle andren Dinge hier mit und neben ihm sind und gehen dahin, ohne es zu wissen; der Mensch ist sich bewußt, und wie eine hohe bleibende Wand, an der die Schatten vorübergehen. Alle Dinge mit und neben ihm gehen dahin, einer fremden Willkür und Macht unterworfen, er ist sich selbst anvertraut und trägt sein Leben in seiner Hand. Und es ist nicht für ihn gleichgültig, ob er rechts oder links gehe. Laß Dir nicht weismachen, daß er sich raten könne und selbst seinen Weg wisse.

Die Welt ist für ihn zu wenig, und die unsichtbare sieht er ja nicht und kennt sie nicht. Spare Dir denn vergebliche Mühe, und tue Dir kein Leid, und besinne Dich Dein. Halte Dich zu gut, Böses zu tun. Hänge Dein Herz an kein vergänglich Ding. Die Wahrheit richtet sich nicht nach uns, lieber Sohn, sondern wir müssen uns nach ihr richten. Was Du sehen kannst, das siehe, und brauche Deine Augen, und über das Unsichtbare und Ewig halte Dich an Gottes Wort. Bleibe der Religion Deiner Väter getreu und hasse die theologischen Kannengießer. Scheue niemand soviel als Dich selbst. Inwendig in uns wohnt der Richter, der nicht trügt und an dessen Stimme uns mehr gelegen ist als an dem Beifall der ganzen Welt und der Weisheit der Griechen und Ägypter. Nimm es Dir vor, Sohn, nicht wider seine Stimme zu tun, und was Du sinnst und vorhast, schlage zuvor an Deine Stirn und frage ihn um Rat. Er spricht an-

fangs nur leise und stammelt wie ein unschuldiges Kind; doch wenn Du seine Unschuld ehrst, löst er gemach seine Zunge und wird Dir vernehmlicher sprechen. Lerne gerne von anderen, und wo von Weisheit, Menschenglück, Licht, Freiheit, Tugend, etc. geredet wird da höre fleißig zu. Doch traue nicht flugs und allerdings, denn die Wolken haben nicht alle Wasser, und es gibt mancherlei Weise. Sie meinen auch, daß sie die Sache hätten, wenn sie davon reden können und davon reden. Das ist aber nicht, Sohn. Man hat darum die Sache nicht, daß man davon reden kann und davon redet. Worte sind nur Worte, und wo sie gar leicht und behende dahinfahren, da sei auf Deiner Hut, denn die Pferde, die den Wagen mit Gütern hinter sich haben, gehen langsameren Schrittes. Erwarte nichts vom Treiben und den Treibern, und wo Geräusch auf den Gassen ist, da gehe fürbaß. Wenn Dich jemand will Weisheit lehren, dann siehe in sein Angesicht. Dünkt er sich noch, und sei er noch so gelehrt und noch so berühmt, laß ihn und gehe seine Kundschaft müßig. Was einer nicht hat, das kann er auch nicht geben. Und der ist nicht frei, der da will tun können, was er will, sondern der ist frei, der da wollen kann, was er tun soll. Und der ist nicht weise, der sich dünkt, daß er wisse, sondern der ist weise, der seiner Ungewissheit inne geworden und durch die Sache des Dünkels genesen ist. Was im Hirn ist, das ist im Hirn, und Existenz ist die erste aller Eigenschaften. Wenn es Dir um Weisheit zu tun ist, so suche sie und nicht das Deine und brich Deinen Willen und erwarte geduldig die Folgen. Denke oft an heilige Dinge und sei gewiß, daß es nicht ohne Vorteil für Dich abgehe und der Sauerteig den ganzen Tag durchsäuere. Verachte keine Religion, denn sie ist dem Geist gemeint, und Du weißt nicht, was unter unansehnlichen Bildern verborgen sein könne. Es ist leicht, zu verachten, Sohn, und zu verstehen ist viel besser. Lehre nicht andre, bis Du selbst gelehrt bist. Nimm Dich der Wahrheit an, wenn Du kannst, und lass Dich gerne ihret-

wegen hassen; doch wisse, daß Deine Sache nicht die Sache der Wahrheit ist, und hüte, daß sie nicht ineinander fließen, sonst hast Du Deinen Lohn dahin. Tue das Gute vor Dich hin, und bekümmere Dich nicht, was daraus werden wird. Wolle nur einerlei, und das wolle von Herzen. Sorge für Deinen Leib, doch nicht so, als wenn er Deine Seele wäre. Gehorche der Obrigkeit und laß die anderen über sie streiten. Sei rechtschaffen gegen jedermann, doch vertraue Dich schwerlich. Mische Dich nicht in fremde Dinge, aber die Deinigen tue mit Fleiß. Schmeichle niemand, und laß Dir nicht schmeicheln. Ehre einen jeden nach seinem Stande, und lass ihn sich schämen, wenn er's nicht verdient. Werde niemand nichts schuldig; doch sei zuvorkommend, als ob sie alle Deine Gläubiger wären. Wolle nicht immer großmütig sein, aber gerecht sei immer. Mache niemand graue Haare, doch wenn Du recht tust, hast Du um die Haare nicht zu sorgen. Mißtraue der Gestikulation, und gebärde Dich schlecht und recht. Hilf und gib gerne, wenn Du hast, und dünke Dir darum nicht mehr, und wenn Du nichts hast, so habe den Trunk kalten Wassers zur Hand, und dünke Dir darum nicht weniger. Tue keinem Mädchens Leides und denke, daß Deine Mutter auch ein Mädchen gewesen ist. Denke nicht alles, was Du weißt, aber wisse immer, was Du sagst. Hänge Dich an keinen Großen. Sitze nicht, wo die Spötter sitzen, denn sie sind die elendesten unter allen Kreaturen. Nicht die frömmelnden, aber die frommen Menschen achte und gehe ihnen nach. Ein Mensch, der wahre Gottesfurcht im Herzen hat, ist wie die Sonne, die da scheint und wärmt, wenn sie auch nicht redet. Tue, was des Lohnes wert ist, und begehre keinen. Wenn Du Not hast, so klage sie Dir und keinen anderen. Habe immer etwas Gutes im Sinn. Wenn ich gestorben bin, so drücke mir die Augen zu und beweine mich nicht. Stehe Deiner Mutter bei und ehre sie, so lange sie lebt, und begrabe sie neben mir. Und sinne täglich nach über Tod und Leben, ob Du es finden möchtest,

Der Brief könnte wirken wie ein kurzer aber fruchtbarer Sommer-
regen, aber er könnte auch wirken wie eine Kanonade mit ca. 70
abgefeuerten Kugeln. Bei dieser Zahl verblasst die 10 eines jeden
Dekalogs. Man scheut sich aber, von Imperativen zu sprechen. Es
fehlt der imperativische Drill, das imperativische »Du sollst«. Wir
haben es eher mit leicht daherkommenden Weisheiten zu tun, wie
dem Leben zu begegnen sei.

Matthias Claudius liegt es seiner ganzen Natur gemäß fern, in
einem Brief akademisch aufzutreten, also lässt er seiner Feder oder
besser seinem Herzen freien Lauf. Der freie Lauf scheint sich aber
einer zugrunde liegende Tiefenschicht zu verdanken, die – nachträglich ans Licht gehoben – in folgendem Grundmuster ausgedrückt werden könnte:

Für Claudius steht am Anfang des Seins – gemäß seines vorzüglich
geschätzten Evangelisten Johannes – das Wort Gottes, es folgt der
Mensch im Verbund mit seinesgleichen und in Beziehung zur Obrigkeit, es folgt die Weisheit des Menschen und schließlich seine
unmittelbare Leiblichkeit.

Wir hätten also folgendes Schema:

1. Das Wort Gottes
2. Der Mensch in der Rolle des Mitmenschen
3. Die zur Weisheit geronnenen Lebenserfahrungen der
   Person
4. Die Leiblichkeit

1. Das Wort Gottes

Das Wort wird nicht erwähnt, es ist einfach unterschwellig präsent, man spürt geradezu den Geist des Wortes.

Auf die die Renaissance mitbegründende Rede des Pico della Mirandola (1463–1494) verweisen die pädagogisch gut gemeinten Sätze von Claudius nicht. Mirandola spricht in seinen berühmten Sätzen von der Würde des Menschen: *»Nicht viel weniger als ein Engel, aber um einiges mehr als ein Tier«* habe Gott die Menschen geschaffen. In der »Oratio de hominis dignitate« (Rede über die Würde des Menschen) erklärt Pico della Mirandola die Freiheit zum konstitutiven Element der Menschenwürde, da sie es ihm erlaubt, das zu sein, was er will. Darauf würde Claudius antworten: »Und der ist nicht frei, der da will tun können, was er will, sondern der ist frei, der da wollen kann, was er tun soll.«

Auch Claudius vergleicht und er schließt auf die Einzigartigkeit des Menschen. Dieser ist keiner fremden Willkür und Macht unterworfen. *»Alle Dinge mit und neben ihm gehen dahin, einer fremden Willkür und Macht unterworfen, er ist sich selbst anvertraut und trägt sein Leben in seiner Hand.«* Dies ist denn auch der entscheidende Unterschied des Renaissance-Lebensgefühls zu der gläubigen Innigkeit eines Matthias Claudius – der gleichsam hinter das Gedankengut der Renaissance und später dann hinter das Wollen der Aufklärung zurückfällt: *»Lass Dir nicht weismachen, dass er sich raten könne und selbst seinen Weg wisse.«*

Die den Menschen letztlich bestimmende Stimme ist die innere Stimme des Gewissens, in der sich Gott offenbart. Diese Stimme schildert Claudius: *»Nimm es Dir vor, Sohn, nicht wider seine Stimme zu tun und was Du sinnst und vorhast, schlage zuvor an Deine Stirne und frage ihn um Rat.«* Hier handelt es sich nicht um die modern verstandene Autonomie, hier handelt es sich um das geglaubte Gefügtsein des Menschen in die seine Autonomie begründende Macht Gottes; es handelt sich dann schließlich um seine Anerkennung. Das, was hier auf Erden geschieht, wird aristotelisch aufgenommen und respektiert, um dann letztendlich auf pascalsche Art zu dem Schluss kommen zu lassen: *»Die Welt ist für ihn zu wenig.«* Die Welt als gesehene, bejahte und Gott als der Unsehbare und hier auf Erden nur indirekt Vernehmbare.

Seht ihr den Mond dort stehen?
Er ist nur halb zu sehen,
Und ist doch rund und schön!
So sind wohl manche Sachen, die wir getrost belachen,
Weil unsre Augen sie nicht sehn.

Gott, laß uns dein Heil schauen,
Auf nichts Vergänglichs trauen,
Nicht Eitelkeit uns freun!
Lass uns einfältig werden
Und vor dir hier auf Erden
Wie Kinder fromm und fröhlich sein!

Wir begnügen uns mit der dritten und fünften Strophe der sieben Strophen des berühmten Gedichtes »Der Mond ist aufgegangen«, das heute leider nur noch in den Kindergärten auswendig gelernt werden muss, und wenden uns nun der zweiten Ebene zu:

2. Der Mensch in der Rolle des Mitmenschen

Die Weisheit der menschlichen Lebenspraxis: Auch hier ist alles wieder unter der christlichen Optik von Claudius zu verstehen. Die menschliche Weisheit hat im Vergleich zum göttlichen Wissen nur den zweiten Platz, ja, sie ist eigentlich nur eine Torheit vor Gott.

Dies ist eine deutliche Distanzierung, wenn nicht gar ein Affront gegen den Geist der Aufklärung, der weit und breit eine Anhängerschaften zu gewinnen beginnt für die Selbsthervorbringung des Menschen durch Theorie und Praxis als dem schlechthinnigen Nonplusultra des Lebenssinnes und der die schlechthinnige Geschöpflichkeit des Menschen und der ihn umgebenden Natur aus den Augen verliert zugunsten der Vorstellung, dass der sich von Natur und Gott befreiende Mensch nun das Zepter in der Hand habe, dass nun endlich alles seinen Grund habe in der Eigenmächtigkeit des Menschen: Die Mitwelt als menschliches Beziehungsgeflecht ist kein natürlich gewachsenes Gebilde mehr, sondern ein rationales Konstrukt, das seinen Ursprung im Willen aller hat, welche miteinander vermittelten Willen schließlich im selbst gegebenen Gesetz ihren adäquaten Ausdruck finden gemäß der kantschen Maxime, dass der Mensch *»keinem anderen Gesetz zu gehorchen (habe), als zu welchem er seine Beistimmung gegeben habe«*. Also: Die Souveränität eines sich allmählich seiner selbst bewusst werdenden und sich selbst bestimmenden Volkes versus die Willkür und die Privilegien der Herrschenden in Staat und Kirche wird zum Kennzeichen des Geistes der neuen Zeit.

»Lerne gern von anderen, und wo von Weisheit, Menschenglück, Licht, Freiheit, Tugend etc. geredet wird, da höre fleißig zu. Doch traue nicht flugs.«

Nichts hat Claudius gegen die in diesem Sätzen aufleuchtenden Ideale der Aufklärung, aber er relativiert immerzu: *»Gehorche der Obrigkeit und lass die anderen über sie streiten.«* Sein Freiheitsbegriff bleibt doch zu sehr geschuldet einer sein Leben lang sich durchhaltenden Reserve gegenüber dem neuen Geist, der sich aus Kirche und Religion zu emanzipieren beginnt. Mit seiner konservativen Haltung legt Claudius nichtsdestotrotz seinen Finger auf ein Wundmal.

Hier nun auch noch ein »politisches« Gedicht von Claudius. Wir lesen hier keinen Brecht und wir finden hier auch keine Anweisung für ein Handeln. Vielleicht haben aber diese Verse ihre Stärke gerade darin, dass sie nicht agitatorisch sind, und dennoch macht man sich Gedanken darüber, welchen Sinn denn eine verstümmelnde und Seuche und Not bringende Kriegsveranstaltung überhaupt haben kann. Wer wollte Schuld auf sich nehmen außer den Herrschenden, denen Gold und Ehre wichtiger scheinen?

Kriegslied

's ist Krieg!! 's ist Krieg! O Gottes Engel, wehre,
Und Rede du darein!
's ist leider Krieg- und ich begehre,
Nicht schuld daran zu sein!

Was sollt` ich machen, wenn im Schlaf mit Grämen
Und blutig, bleich und blaß
Die Geister der Erschlagenen zu mir kämen
Und vor mir weinten, was?

Wenn wackere Männer, die sich Ehre suchten,
Verstümmelt und halb tot
Im Staub sich vor mir wälzten und mir fluchten
In ihrer Todesnot?

Wenn tausend, tausend Väter, Mütter, Bräute,
So glücklich vor dem Krieg,
Nun alle elend, alle arme Leute,
Wehklagten über mich?

Wenn Hunger, böse Seuch` und ihre Nöten
Freund, Freund und Feind ins Grab
Versammleten und mir zu Ehren krähten
Von einer Leich` herab?

Was hülf` mir Kron` und Land und Gold und Ehre?
Die könnten mich nicht freun!
`s ist leider Krieg – und ich begehre,
Nicht schuld daran zu sein!

3. Die zur Weisheit geronnenen persönlichen Lebenserfahrungen

Hier sind existenzielle Lebenserfahrungen gebündelt, die sich ganz unprätentiös geben. Um möglichst ungeschoren oder – positiv gewendet – mit einem freudigen Mut dieses Leben hier auf Erden positiv zu verbringen, zählt die väterliche Stimme einen Kanon von Ratschlägen auf, die geboren sind auf dem Grund einer Welt, die nicht die reine Idylle darstellt, in der wie die Schafe die Menschen miteinander verkehren, sich liebend, achtend, fördernd, das Gute wollend und alles dies auch immer gleichzeitig vollbringend. Mit anderen Worten: Claudius erweist sich als Realist. Das Remedium – das Gegengift – für eine so geartete Welt, wie sie nun einmal ist, ist von uns schon vorhin besprochen worden. Es ist die vertrauensvolle Hingabe eines Christen an eine andere bessere Welt, die nicht von dieser Welt ist, das aber heißt nicht, es wird alles nur besser, wir können also die Hände in den Schoß legen, denn die Güte Gottes wartet auf uns, sein Schoß empfängt uns, nein, was wir auf dieser Welt hier tun können, das sollen wir auch tun nach unseren Kräften. *»Tue das gute vor Dich hin und bekümmere Dich nicht was daraus werden wird, wolle nur einerlei und das wolle von Herzen.«*

Unabhängig von der schon im Voraus gewussten Geborgenheit in Gott kann der Einzelne schon im Hier und Jetzt vor allem durch eine Reihe von Vermeidungspraktiken eine gewisse Seligkeit für sich erringen. Wir wollen nur einige herausgreifen:

- *Sage nicht alles, was Du weißt.*
- *Misstrauen der Gestikulation.*
- *Schmeichle niemand.*
- *Klage die Not nicht anderen.*
- *Hilf und gib.*
- *Ehre einen Jeden.*
- *Habe immer etwas Gutes im Sinn.*
- *Ehre sie (Deine Mutter), solange sie lebt, und begrabe sie neben mir.*
- *Denk an heilige Dinge.*
- *Verachte keine Religion – denn sie ist dem Geist gemeint, und Du weißt nicht, was unter unansehnlichen Bildern verborgen sein könne.*

4. Der Leib

»Sorge für den Leib, doch nicht so, als wenn er Deine Seele wäre.« Der Leib und die Leiblichkeit spielen auch ihre selbstverständliche Rolle, ihre ihnen zugemessene. Claudius selbst trank z. B. gerne Wein in trautem Kreis, er besang ihn nicht nur – und er hatte schließlich einen ausgeprägten Sinn für die Bedeutung der Familie, war er doch selbst Vater von zwölf Kindern.

3. Spinoza und Pascal

Spinoza

Baruch de Spinoza (Hebräisch: ברוך שפינוזה, Portugiesisch: Bento de Espinosa, latinisiert: Benedictus de Spinoza, 1632–1677). Wir stellen deswegen die Namen so ausführlich dar, weil sie den mühsamen Lebensweg dieses außergewöhnlichen Philosophen so gut dokumentieren: Als Jude unter den katholischen Portugiesen wurde seine Familie verflucht und wanderte aus nach Amsterdam, der damals aufgeklärtesten Stadt Europas. Hier wurde er geboren und von der eigenen jüdischen Gemeinde wegen seiner Nonkonformität exkommuniziert.

Claudius selbst lebte in einer Zeit, die sich kritisch mit all dem auseinandersetzte, was den Glauben und natürlich insbesondere den christlichen Offenbarungsglauben angeht. In Hamburg war der sich zu Berühmtheit entfaltende sogenannte »Fragmentenstreit« übergeschlagen: Zwischen zwei evangelischen Pastoren war eine heftige Auseinandersetzung entbrannt. Hier Goeze, dort Alberti. Im Zuge modernen kritischen Denkens stellte Alberti mit den Mitteln des geschulten Aufklärers die alte tradierte Denkweise eines Goeze infrage, der jegliche Bibelkritik mehr oder weniger grobschlächtig zurückwies mit der »unbezweifelbaren« Autorität der heiligen Schrift. An dieser gäbe es einfach nichts zu deuten. Das Wort Gottes stehe außerhalb jeglicher Kritik. Es ist eigentlich nur auslegbar in dem von Luther aufgezeigten Weg, dass die Schrift sich selbst auslege im Sinne des reformatorischen »Sola Scriptura- Prinzips«.

Ein weiterer bekannter Streit – auf der Linie des ersten – jener Zeit war initiiert durch das (von Claudius als Spinoza-Büchlein apostrophierte) Buch »Über die Lehre des Spinoza in Briefen an den Herrn

Moses Mendelssohn«. In diesem Buch berichtet Friedrich Heinrich Jakobi (1743–1819) über seine Gespräche mit Lessing und stellt Lessing (1729–1781), der vor einigen Jahren gestorben war, nachträglich als einen Vertreter der spinozistischen Philosophie dar, die man auch überschreiben könnte mit dem griechischen Satz »Hen kai pan« (Griechisch: Ἓν καὶ Πᾶν). Die damals die Gemüter bewegende Frage spitzte sich dahingehend zu: »Hast Du einen persönlich Dich verursachenden und Dein Leben bestimmenden Gott oder ist Gott als allumfassende Natur schlechthin die den Menschen verursachende und bestimmende Macht?« Die Alternative lautete also: »Deus sive natura.« Bezogen auf den Glauben stellt sich die Frage: Versteht der Mensch sich als ein an die Transzendenz Gottes Glaubender oder als ein sie Leugnender, der es höchstens fertigbringt, Gott als optimales Prädikat der Natur zu verstehen, in dem Sinne, dass die Natur göttlich sei, wie dies in der griechischen Philosophie auch schon der Fall war, in der die Natur als Kosmos eine unvergleichlich höhere Rolle spielte als im Christentum. Der Unterschied griechisch verstandener Natur zu spinozistisch verstandener Natur liegt im Austausch des Vernunftbegriffes der Natur mit dem Verstandesbegriff der Kausalität der Natur. Wenn dieser Verstandesbegriff schließlich auch nicht nur naturwissenschaftlich kausal zu verstehen ist, sondern eine religiös metaphysische Weihe erhält, so bleibt festzuhalten, dass Spinozas Philosophie beinahe unausweichlich die Keime eines Determinismus und eines Fatalismus in sich birgt.

Das Gewicht dieses Streites wird ersichtlich, wenn man zum Beispiel den Brief des Oberkonsitorialrats Friedrich Samuel Gottfried Sack liest, der in Berlin durch die Philosophie Spinozas – die sich in der Schrift »Über die Religion – Reden an die Gebildeten unter ihren Verächtern« nach ihm als Spinozismus des berühmten Platon-Übersetzers und Theologen Schleiermacher (1768–1834) zu artikulieren begann – zutiefst aufgewühlt war und schrieb: *»Ich will durchaus niemanden verachten, verketzern und verdammen, aber ich* *verdamme, verketzere unverhohlen die nach meinen Einsichten ver-abscheuungswerte (sogenannte) Philosophie, die an die Spitze des Universums kein sich selbst bewußtes, weises und gütiges Wesen an-erkennt, die mich zu dem Geschöpf einer Allmacht und Weisheit-macht, die nirgends ist und überall; die mir die edle Freude, das un-vertilgbare süße Bedürfnis rauben möchte, meine Augen dankbar zu einem Wohltäter aufzuheben, die unter meinen Leiden mir den Trost grausam entzieht, daß ein Zeuge meiner schmerzhaften Gefühle da sei, und ich unter der Regierung einer auch auf mein Wohl bedach-ten Güte leide.«*

Genau das ist der Punkt, den Spinoza mit seinem Pantheismus bei den Theisten, besonders aber bei dem christlichen Monotheismus gleichsam hervorkitzelt. Kein persönlicher Gott mehr, Gott ist gera-dezu bei solchem Verständnis im streng jüdischen und christlichen Gottesverständnis tot. Es ist aus damaliger Sicht verständlich, dass Spinoza von seinen jüdischen Glaubensbrüdern mit einem Bannfluch belegt wurde, der an Verwünschungen nichts übrig ließ.

Hier ein das Denken Spinozas charakterisierender Satz:
... lehrt sie (die Philosophie nämlich), wie wir uns gegen die Fügun-gen des Schicksals oder das, was nicht in unserer Gewalt steht, das ist, gegen die Dinge, die nicht aus unserer Natur folgen, verhalten müssen, nämlich das eine wie das andere Antlitz des Schicksals mit Gleichmut erwarten und ertragen; weil ja alles aus dem ewigen Rat-schluss Gottes mit derselben Notwendigkeit folgt, wie aus dem Wesen des Dreiecks folgt, dass seine Winkel zwei rechten Winkeln gleich sind.

> (Spinoza: Ethik, 49. Lehrsatz; wir merken interpretie-rend an: der in dem Zitat erwähnte Gott ist das bis in die Natur hinein waltende göttliche Grund/Folge-Schema, durch das letztlich Gott bei Spinoza umschrieben wird.)

Pascal

Wir wollen das Kapitel mit Blaise Pascal beschließen.

Eine nach Pascal (1623–1662) notwendige Apologie des Christentums erwächst aus der Sorge um den Menschen, der sich in seiner Selbstermächtigung immer mehr von dem ihn tragenden göttlichen Ursprung entfernt. Diese in der Geschichte oft mit verschiedenen Vorzeichen auftauchende Apologie des Christentums entwirft Pascal nun nicht mit den herkömmlichen Mitteln der dogmatischen Belehrung, sondern indem er Schritt für Schritt in die Reiche der Natur und des Geistes eindringt und aufgrund der diesen Reichen eigentümlichen Denkweisen diese Denkweisen konsequent zu Ende denkt, bis sie sich gewissermaßen in ihrer Mangelhaftigkeit zeigen, die nur aufgehoben werden kann, wenn das Reich der Gnade sich als eine Möglichkeit zu erkennen gibt, die die Fehlungen in den richtigen Blick bekommt und ein entsprechendes Gegenmittel erbringen kann: Vernünftig und glücklich sind nach Pascal nur diejenigen Menschen, die sich wirklich, von der Einsicht und der Not veranlasst, suchend auf den Weg begeben, also Gott suchen und dann auch finden. Diejenigen, die ihn suchen und noch nicht finden, sind vernünftig aber unglücklich, und diejenigen, die ihn nicht suchen, sind nach Pascal unvernünftig und unglücklich.

Eingespannt in eine letztlich unbegreifliche Natur fragt der Mensch: Was und wer bin ich? Pascal antwortet, dass der Mensch ein Nichts sei im Hinblick auf das Unendliche, ein Alles im Hinblick auf das Nichts. Eine Mitte zwischen Nichts und Allem.

Was nun hat es mit dem Menschen auf sich, wenn sich letztlich alles als widersprüchlich und paradox erweist? Ist der Mensch wirklich nur ein Schilfrohr im Wind, muss dem Skeptizismus recht gegeben werden, kommt der Mensch nicht darüber hinaus, entweder Dogmatiker oder Skeptiker zu sein? Pascal versucht, den Skeptizismus so weit zu treiben, dass der Skeptiker nicht anders kann, als sich überzeugen zu lassen von der Heilsbotschaft Jesu Christi, die dem Menschen seine scheinbar unbegreifliche Lage begreiflich macht in der Darstellung seiner selbst als eines aus einer ursprünglichen paradiesischen Totalität gefallenen Wesens, das diesen Sturz durch eigene schuldige Absonderung verursachte und schließlich seiner Resurrektion durch den sühnenden Opfertod Jesu Christi harrt. Pascal sagt weiter, dass der Mensch den Menschen unendlich übersteigt, und zwar von seiner ursprünglichen Gottverbundenheit her zu einem neuen auf Umkehr beruhenden Gottesverhältnisses hin. Dass die dem Menschen endlich Heilgewissheit gebenden Gehalte der christlichen Lehre selbst ein Mysterium seien, die sich dem Verstand nicht erschließen und trotzdem nicht widervernünftig und unvernünftig seien, sondern schlechthin übervernünftig, dies lässt Pascal verstanden sein nicht aus wissenschaftlicher Einsicht heraus, sondern aus einem Vermögen des Menschen, das diesen auch wesentlich bestimmt, und zwar aus seinem fühlenden Herzen. Und dieses fühlende Herz sei keine psychologisch zu verstehende Zuständlichkeit, sondern es habe gleichsam seine erkenntnistheoretische Bedeutung als das Einheit, Unvergänglichkeit und Ewigkeit intendierende Vermögen.

Ferner sagt Pascal, es sei das Herz, das Gott spüre, und nicht die Vernunft, das aber sei der Glaube: Gott im Herzen spüren und nicht in der Vernunft.

Ein Schriftstück, das man nach Pascals Tod im Futter seines Rockes eingenäht fand, sagt in den ersten Zeilen (wir zitieren aus dem berühmten Mémorial):

Im Jahr der Gnade 1654
Montag, 13 November

Halbe Stunde nach Mitternacht.
Feuer.
Gott Abrahams, Gott Isaaks, Gott Jacobs
nicht der Philosophen und der Gelehrten.
Gewissheit. Gewissheit. Empfinden, Freude. Frieden.
Der Gott Jesu Christi.

Hier einige berühmte Zitate:

Wir sind unfähig, die Wahrheit und das Glück nicht zu wünschen,
und sind weder der Gewißheit noch des Glückes fähig.
(Pascal: Pensées … Gedanken über Religion und über
einige andere Themen)

Der Mensch ist so groß, daß seine Größe sich selbst darin zeigt,
daß er sein Elend erkennt. Ein Baum erkennt nicht sein Elend.
Freilich es ist wahr, das ist ein Elend, sein Elend zu erkennen, aber
es ist auch eine Größe zu erkennen, daß man elend ist. So beweist
alles dieses Elend seine Größe, es ist ein Elend eines großen Herrn,
eines entthronten Königs.
(Pascal: Pensées … Gedanken über Religion und über
einige andere Themen)

Die Natur hat Vollkommenheit, um zu zeigen, dass sie Abbild Got-
tes ist und Mängel, um zu zeigen, dass sie nur das Abbild ist.
(Pascal: Pensées … Gedanken über Religion und über
einige andere Themen)

Um nur dies noch zu Pascal zu sagen: Er befasste sich mit 16 Jahren in der Mathematik mit Kegelschnitten und er verfasste eine Abhandlung darüber. Mit 19 Jahren stellte er als einer der ersten eine Rechenmaschine vor. Bedeutend waren seine Beiträge zur Theorie des leeren Raumes, zur Wahrscheinlichkeitsrechnung und nicht zuletzt zur Infinitesimalrechnung.

Pascal war im Übrigen auf der Ebene der Grundlegung der Naturwissenschaften durch und durch ein Cartesianer. Er unterscheidet die Wirklichkeit mit Descartes in res extensa und res cogitans: Die Welt des außermenschlichen Seins weiß nichts von sich und nichts von den Menschen, wohingegen der Mensch sowohl von sich als auch von einzelnen Seienden und den Seienden im Ganzen weiß. Bei Descartes entspricht der strikten Destruktion, der anscheinend durch Gott verbürgten und wohl geordneten Welt, die strikte Konstruktion der Welt der res extensa aus den Prinzipien der res cogitans, die sich die Welt konstruierend aufbaut aus den der Selbstvergewisserung fähigen – mathematisch ein Raum-Zeit- Gefüge bestimmenden – Ideen. In die Elementargebiete der Geometrie und der Arithmetik mit ihren Grundideen und deren Entfaltungsmanigfaltigkeiten wird also die Welt eingelassen und buchstabiert aufgrund eines seines Alphabets kundigen Ich.

Natürlich ist die epochale Artikulierung des Renaissance-Gedankens auch bei anderen Philosophen und Theologen schon vorgebildet, so zum Beispiel bei Kardinal Nikolaus Cusanus, der das Sein und das Denken vergleicht mit einer Münze, die von Gott zwar verliehen wird, von den Menschen aber in ihrem Wert bestimmt wird. Auch für Cusanus spielte die Mathematik eine bevorzugte – die unitas in der alteritas spiegelnde – Rolle. Insgesamt drückt sich im Geistbegriff bei Cusanus die Emanzipation der aktiv wissenschaftlichen unendlichen Erkenntnisarbeit von der das Absolute einmalig in der Anschauung begreifenden Erkenntnishaltung aus. Auch Augustin erfasst schon auf seine Art die Intimität der Reflexionsstruktur der Erkenntnis und er sagt: »Noli foras ire, redi in te ipsum, in interiore hominis habitat veritas.«(»Geh nicht nach draußen, geh in dich zurück, im Inneren des Menschen wohnt die Wahrheit.«)

4. Noch einmal Claudius

Einiges wiederholend – dadurch aber intensivierend – fassen wir zusammen: Die Wissenschaften emanzipieren sich von der Vorherrschaft eines geschlossenen kosmischen Weltbildes, innerhalb dessen der Mensch und die ihn umgebende Natur Teil einer durch Gott begründeten Weltordnung sind. Der Mensch hat seinen durch ein im Grunde sinnvolles Gefüge der Welt bestimmten Platz. Er ist durch Gott bestimmt und innerhalb der göttlichen Ordnung frei. Diese Freiheit in und vor Gott ist aber eine andere Freiheit als die, die sich nun ausdrückt in dem Ausbrechen aus einer quasi ontologischen Naturordnung zugunsten einer in der Subjektivität des Subjekts gründenden transzendental-ontologischen Ordnung. Dieses

Subjekt hat sich entdeckt als Ebenbild Gottes und überträgt gleichsam die göttliche Allmacht auf sich selbst, derart, dass die Erkenntnis der Natur nicht mehr eine Angleichung des Denkens an die Sache ist, sondern das menschliche Erkennen selbst konstruierend die Sache entwirft, das Seiende und gar das Sein des Seienden. An die Stelle des alten Substanzbegriffes tritt nun der Begriff der Funktion, vor allem der Funktion eines in der Mannigfaltigkeit der Erfahrungswelt wirkenden und mit seinen Kategorien diese Mannigfaltigkeit zeitlich und räumlich ordnenden und bestimmenden Verstandes. Dieser tritt an die Stelle Gottes als eines Demiurgen, der mit und in seinem Wort am zeitlosen Anfang steht. Durch die Ungebundenheit von theologischen Vorgaben ist der Blick frei für eine unbefangene Erforschung der Natur, die sich erst jetzt voll entfaltet – in Naturbeobachtung, Experiment und mathematischer Konstruktion der Natur.

Claudius ist weder an der zu seiner Zeit betriebenen Naturwissenschaft gelegen noch an der diese Wissenschaft begründenden Philosophie. Die Philosophie der Aufklärung sowie die »moderne« Theologie ist seine Sache nicht. Schlechterdings kann man Claudius aber auch nicht als einen Reaktionär bezeichnen, wie das so manche Forscher bei Pascal zu tun geneigt sind. Als er sich im »Kreis von Münster« (dem katholischen Pendant zu dem Weimar der protestantischen Klassiker) sich zu der Konvertierung zum Katholizismus von Friedrich Leopold Reichsgraf zu Stolberg nicht negativ äußert, erntet er direkt scharfe Kritik, so als sei der Katholizismus auch schon per se ein Ausdruck oder zumindest aber Verbündeter der damals herrschenden Klasse. Selbst ein so liberal angelegter Kopf wie Friedrich Heinrich Jacobi – der ja bekanntlich die kantsche »Überzeugung aus Gründen« für eine »Gewissheit nur aus zweiter Hand« hielt, wobei aus erster Hand für Jacobi das von ihm näher bestimmte Gefühl stand; das Wort Gottes, wie bei Claudius, bedeutete schon mehr als die bloße Logizität aus Vernunftgründen, für Jacobi jedoch war auch das eher bloß »gehorchende Hören« auf dieses Wort Gottes nicht das von ihm favorisierte »Gefühl« – distanzierte sich von Claudius. In den Augen eines Protestanten war das Katholische ein schwarzes Tuch. Claudius war aber ein Protestant von eigener Fasson, weder dem katholischen Glauben noch überhaupt anderen Formen der Religion gegenüber zeigte er sich voreingenommen, mit disqualifizierenden Vorurteilen.

Es war in der Religionsgeschichte des Abendlandes selbstverständlich von der christlichen Offenbarungsreligion als dem »Nonplusultra« aller Religionen die Rede: Alle anderen Religionen, Naturreligionen und die zur Achsenzeit entstehenden großen Religionen wie Hinduismus, Buddhismus, Judentum, Islam seien nur als um die Sonne kreisende Planeten zu verstehen. Der Gehalt und die »Mysterien« des christlichen Glaubens seien unüberbietbar und so sagte auch Matthias Claudius, dass sich die Zeit erfüllt habe in Jesus Christus, er bekennt sich also unumwunden! Er bekennt sich, ohne dass er seine Konfession durch die anderen Religionen relativiert, aber auch ohne in einen Hochmut zu fallen, den oftmals katholisches Denken auszeichnet.

Wir zitieren eine bekannte Stelle:

Alle asiatischen Religionen ... gründen sich auf den Fall der Geister, so Engel als Menschen, und sind für diese das Gesetz und der Weg zur Herstellung ... Alle sind übermenschlichen Ursprungs und durch ein himmlisches Wesen geoffenbaret und mitgeteilet worden ... Alle nehmen ein erstes unbegreifliches unerforschliches höchstes Wesen an ... Alle nehmen eine wesentliche Gleichheit zwischen dem ersten Wesen und der menschlichen Seele, und die Möglichkeit einer unmittelbaren Kommunikation zwischen beiden und einer transzendentalen Veränderung im Menschen an ... Alle gebie-

ten Streben nach Reinigkeit in Gedanken, Worten und Werken, und den Kampf gegen das Böse und gegen das Prinzipium des Bösen mittels der Kräfte der Religion ... Alle sprechen von Gottesdienst, Reuempfindung, Büßung, Opfer etc., von einer Dazwischenkunft von Hülf- und Mittelwesen und von Reinigungsmitteln ... Alle haben endlich zugedeckte und durch hieroglyphische Bilder, mythologische Erzählungen, heilige Zeremonien etc, verschleierte Punkte ...

Diese Stelle ist mit Auslassungen zitiert aus »Eine asiatische Vorlesung«. In dieser Vorlesung spricht Claudius von einem goldenen Faden, der – verschieden gewoben – in allen Religion wiederkehre. Er sagt: *»Es kommt mir vor, als wenn die Vorsteher und Lehrer in Asien diesen Sinn selbst nicht mehr verstünden und wüssten.«* Mit Sinn meint er den hinter den Verbildlichungen des Religiösen versteckten Sinn. Er mutmaßt eine gewisse verwirrende Unklarheit und schätzt demgegenüber die Klarheit des christlichen Faktums.

5. Das Enneagramm

Das Enneagramm sei nun zum Ende hin angedeutet als wirksames Mittel der Selbstfindung und Selbstgestaltung in Sinne der Orientierung innerhalb eines vorgegebenen Rahmens, der weltanschaulich erst einmal so weit gefasst ist, dass nicht die Gefahr einer ideologischen Einfärbung besteht. Allerdings ist in unseren Augen die mögliche Heilung einer Person, die in der Befreiung von schon immer vorhandenen inneren Unstimmigkeiten beruht, in dem zweiten, dem therapeutischen Schritt, der auf den ersten, den diagnostischen Schritt, folgt, letztlich nicht so leicht zu erreichen, wenn ausgeschlossen die christliche Versenkung in Meditation bleibt oder wie die Maxime von Matthias Claudius sagt: *»Denke oft an heilige Dinge!«* Hier mag es bestimmt Widerspruch hageln seitens vieler Leser. Wie dem auch sei.

Das Interessante ist, dass das schon von den Wüstenvätern entdeckte Gefüge menschlicher Eigenschaften und die richtige Ordnung eines in Schieflage geratenen Ordnungszusammenhangs möglicherweise eine kosmische Grundordnung widerspiegelt, dass ein individuell den Menschen Betreffendes seinen Platz in einer übergeordneten Ordnung hat. Der schon erwähnte Johannes Heinrichs hat auf analytisch-systematischem Weg Wertvolles zu der Psychologie des Enneagramms beigetragen.

Das Enneagramm hat mit der Zahl Neun zu tun – neun »Lastern« und korrespondieren neun »Tugenden«. Oft ist die Kommunikation innerhalb dieser Beziehungen gestört, liegt am Boden. Die Kunst besteht in der Herstellung einer guten Kommunikation. Diese Wiederherstellung verbraucht Kraft und ist oft einer Geburt vergleichbar, die – wie man sagt – schmerzensreich ist. Alte Gewohnheiten müssen verlassen werden, die einen so schön durch das Leben schaukelten, bis sie einen so locker ins Unglück stürzten. Immer wieder aber tauchen von Neuem unter Schmerzen zu beseitigende Übelstände auf, die eliminiert werden müssen, damit der Mensch reif werde durch Teilhabe an einer Sittlichkeit, die frei ist von Persönlichkeitsfixierungen, die den Menschen nicht wirklich und wahrhaft »frei« machen, sondern ihn knechten. Es geht das Leben lang um Metamorphosen.

Die neun Punkte lassen sich geometrisch darstellen und bringen allein dadurch schon eine verblüffende Sicht und üben eine befreiende Wirkung aus. Wir begeben uns nicht auf das Gebiet der Geometrie – wir zeichnen keinen Kreis und keine Dreiecke –, wir lassen zurück mit dem Hinweis, dass es sinnvolle Transformationsprozesse gibt, loszukommen von Altem – Lebenshinderlichem –, hin zu Neuem –, zu Wagnis hinaus aufs Meer, zu neuen Ufern. Nicht von ungefähr hat die Zahl Neun etymologisch mit »neu« zu tun.

Links die »Untugenden«, in der Mitte und rechts die »Tugenden« als allgemeine und als speziell christliche. Hier zeigt sich jeweils eine Einheit. Jede Einheit bildet gleichsam in sich das Insgesamt von ineinanderspielenden Eigenheiten, die ihr Gegenüber haben in einer anderen Form von Einheit. Immer wieder begegnet sich der Mensch in einem verschlungenen, einem unbefriedigenden Zustand, in dem das, was wahrhaft trägt, nur Schein ist, hinter dem sich das wahrhaft Üble gut eingerichtet hat und sich erst spät in seinen unbarmherzigen Folgen zeigt. Die Einheiten als solche sind abstrakte Gerüste, die erst einmal auf Zugrundeliegendes aufmerksam machen. Konkret sieht es anders aus, solange der Mensch kein Wesen mit Flügeln ist – wie sich hinter dem »Guten« oft nur »Scheingutes« verbirgt, so verbirgt sich auch hinter dem »Bösen« oft nur ein »relativ Böses«.

1. Faulheit	Tat	Liebe
2. Zorn	heitere Gelassenheit	Wachstum
3. Stolz	Demut	Freiheit
4. Lüge, Betrug	Wahrhaftigkeit	Hoffnung
5. Neid	Ausgeglichenheit	Ursprünglichkeit
6. Habsucht	Objektivität	Weisheit
7. Furcht, Angst	Mut	Glaube
8. Unmäßigkeit	Nüchternheit	Realismus
9. Schamlosigkeit	Unschuld	Erbarmen

Befasst man sich intensiv mit dem hier wiederum nur in Kürze Vorgestellten, so mag für manchen bestimmt eine Hilfe entstehen in der Auseinandersetzung mit dem Enneagramm, das in der richtigen

Anwendung die Seele heilen soll und kann. Ehemals war die seelsorgerische Aufgabe ein wichtiger Bestandteil priesterlichen Wirkens.

6. Ein vornehmlich musikalisches Quiz

Wie schon erwähnt schließen wir das Ganze mit einem Quiz ab und dieses hat vor allem Fragen zum Inhalt, die auf den Kosmos der Töne zielen, von dem bekanntlich Ludwig von Beethoven sagte, dass Musik höhere Offenbarung sei als alle Weisheit und Philosophie. Zwei Fragen sind anderer Natur.

Aus meiner Schrift müsste für die Beantwortung der Quizfragen hervorgegangen sein: Welcher Autor benannte sein Werk nach einer Zeitung, in der er selbst mitgewirkt hatte, und weiter: Wer ist ein konstruktiv-kritischer Philosoph unserer Zeit, der auch der Psyche des Menschen in seiner systematisch konzipierten Philosophie einen Platz zuweist? Schließlich stehen bei der Musik drei Fragen an. Eine Jugend, die sich mit anderer Musik formt, wird vielleicht erst im Greisenalter diese Musik hören wollen und dann sind die Hörgeräte defekt: Welcher der in dem Buch genannten Theologen war in seiner Jugend ein begabter Mozartspieler? Weiter: Welcher bildende Künstler war mit einem Musiker befreundet, der die Musik wesentlich erneuerte, und wie heißt dieser Komponist. Und schließlich: Wie heißt der Komponist, in dessen romantischer Oper Max und Agathe als die zwei Hauptfiguren auftreten. Durch ein Paar mit gleichen Namen wurde der Autor dieses Textes geboren. Die Kugeln, die »Max« während der Kesselschlacht 1941 bei Smolensk abfeuern musste, waren aber keine Opernkugeln.
Die am Quiz Teilnehmenden schicken Ihre Lösungen bis zum 31.12.2020 an den Autor: MaxRudolfMueller@gmx.net. Die Ge-

winner werden unter den richtigen Einsendungen nach dem Zufallsprinzip ermittelt. Wie die Pokale aussehen, steht noch in den Sternen.

Wie wir ganz am Anfang die Überraschungen erwähnten, die einem beim Schreiben begegnen, so musste ich ganz am Schluss feststellen, dass sich einige Bogen eingestellt hatten – gleichsam hinter meinem Rücken. Zum Schluss erwähnte ich mein Herkommen: das Elternhaus. Und ferner: Von unserer Erde aus wird der Mond ins Spiel gebracht. Und ferner: Dem Mond gegenüber wird die Sonne erwähnt. Und ferner: Gleichsam dem Kosmos gegenüber wird das konkrete Antlitz der Person Christi gezeigt, die dann anders gegenwärtig ist im Logos, im Sakrament, im Antlitz duldender und leidender Natur eines Tieres, eines Menschen und in der Schöpfung, die zu wahren dieser Mensch hier auf Erden beauftragt ist.

Teil IV

Bilder

Alle folgenden Abbildungen sind vermittelt durch die Bildagentur »akg-images« mit Ausnahme folgender vier Fotografien:

Paul Badde (allseits bekannter Journalist in Rom) verdanke ich den »Österlichen Christus«.

Volker Hennig (Philosoph und ausgezeichneter Kenner der europäischen Kunst: vor allem der Gotik und der Renaissance und brillanter Kenner der fernöstlichen Philosophie und Kultur besonders Indiens und Japans) verdanke ich: den griechischen Tempel, die gotische Kathedrale, die gotischen Fenster von innen.

Den gezeigten Abbildungen folgen nun die Erläuterungen und schließlich folgen die Literaturquellen.

Das erste Bild ist auf dem Umschlag: eine Sonnenfinsternis (A composite of the August 21, 2017 total solar eclipse).

Im Buchinneren sind nach dem Kapitel »Ästhetisches Vorspiel« die ersten 4 Bilder Darstellungen von verschiedenen Schriften:

Zuerst sehen wir chinesische Zeichen einer Inschrift des Guanghua-Tempels in Peking. Bekanntermaßen bestehen die Träger dieser Schrift aus Zeichen, die nicht wie in unserem Alphabet einen Laut repräsentieren, sondern eine Bedeutung, nur in sehr eingeschränktem Maße kann man von ihnen als Bildern im Sinne von Picto- und

Ideogrammen reden, das Gleiche darf von den Hieroglyphen gesagt werden. Das sogenannte »Radikal« ist ein Ordnungselement für die ungeheure Vielfalt der Schriftzeichen. Es gibt aber auch Hinweis auf deren Bedeutung. Traditionelle Wörterbücher arbeiten mit 214 indizierenden Radikalen.

Sodann folgen auf die chinesischen Schriftzeichen die Hieroglyphen (wir sehen den Ausschnitt aus einer Reliefstele – im Ägyptischen Museum in Kairo).

Ein wenig Götterkunde. Die Stele zeigt uns: Horus und Thot bringen für Amun-Re ein Opfer dar. Der falkenköpfige Horus wird in der Mythologie der Ägypter auch mit dem Mond in Zusammenhang gebracht. Sonne und Mond galten als das Augenpaar dieses Gottes. Auch Thot, dessen heiliges Tier der Ibis ist, ist Gott des Mondes und der Schrift. Ob die Gottheiten Horus, Thot und Amun-Re eine Triade bilden, ist uns nicht bekannt, auch müssen wir uns bei der Übersetzung der Zeichen und Darstellungen auf der Stele auf die Angabe verlassen, die uns gegeben sind – Jean-François Champollion (1790–1832), dessen Genialität letztlich den Stein von Rosetta entzifferte, ist nicht mehr zu solchen Dingen befragbar. Eine triadische Struktur findet man aber bei vielen anderen ägyptischen Gottheiten und auch bei den Griechen in ihrem Pantheon: Zeus, Poseidon, Hades, diese Götter haben ihr Fundament in dem Gott der Zeit »Chronos«. Kronos ist der Gegenbegriff zu Kairos: der starre Verlauf der Zeit gegenüber dem rechten Augenblick; nach Hegel ist der Begriff die Macht der Zeit und nicht die Zeit die Macht des Begriffs, wir wollen jetzt aber nicht philosophieren. Man findet ferner im Götterhimmel der Römer eine triadische Struktur: Jupiter, Juno und Minerva. Man findet sie in den asiatischen Religionen. Als eine universelle Konstante ist sie in der Archetypik der menschlichen Vorstellungskraft fest verankert. Einigen

Forschern gelten bestimmte Dreiheiten als Vorspiel der christlichen Trinität.

Ferner folgen hebräische Schriftzeichen (Hebrew script and symbolism, image taken from Bible), sodann Zeilen aus dem Koran mit einer persischen Interlinearübersetzung (Image taken from 17th Century Qur'an from Persia) und im Text selbst sehen wir die griechische Schrift.

Es folgen nun die übrigen – im Text schon erwähnten – Abbildungen mit anschließender kurzer Kommentierung. Die Zählung voll-
zieht sich arabisch und nicht römisch wie zu Beginn.

Abb. 1

Abb. 2

Abb. 3

Abb. 4

Abb. 5

Abb. 6

Abb. 7

Abb. 8

Abb. 9

Abb. 10

Abb. 11

Abb. 12

Den gezeigten 12 Abbildungen zum Schluss folgen jetzt weitere knappe Erläuterungen:

1. Wegen der Dachform präsentiert (Yunnan,China: Lijiang = Teich des Schwarzen Drachen).

2. Griechischer Tempel (der Fruchtbarkeitsgöttin Aphaia geweihter Tempel; wir haben hier einen Peripteros – es ist die sehr verbreitete Form des Säulenumgangs: das Tempelheiligtum – die Cella – ist auf allen Seiten mit Säulen umgeben, umflügelt. Die berühmten Giebelskulpturen befinden sich heute in der Münchner Glyptothek. Der Tempel, circa 500 v. Chr., befindet sich auf der Insel Ägina, nicht weit von Athen).

3. Gotische Kathedrale (wir sehen auf das Hauptportal der Westseite der Kathedrale Notre-Dame von Chartres (1194 bis zur Weihe 1260), sie gilt als das Urbild der Hochgotik; Filigranität, Strebewerk, Spitzbogen und Maßwerk sind nur einige Begriffe zur Gotik, die ganze Bibliotheken mit gelehrten Beiträgen füllt; die Gotik wurde von einem bestimmten Kunstverständnis her als barbarisch bezeichnet, wie auch später der Barock auf viel Unverständnis traf).

4. Gotisches Fenster (eigentlich sollte die Fensterrosette von Notre-Dame an dieser Stelle erleuchten, ertönen, wir musste uns aber entscheiden und wählten das Innere der Sainte-Chapelle (1244 bis zur Weihe 1248) auf der Île de la Cité in Paris, dem naturgemäß 1. Arrondissement der Stadt; hier wird gleichsam das Unmaterielle der Gotik eindrucksvoll sichtbar: das Licht, das metaphysische Licht; beinahe kein Stein mehr, keine Strebebogen, kein Glas).

5. Petersplatz in Rom (Kupferstich von Giuseppe Vasi: 1710–1782).

6. In der Sixtinischen Kapelle das von Michelangelo Buonarroti (1475–1564) geschaffene Deckenfresko »Die Erschaffung Adams«.

7. Die von dem berühmten russischen Ikonenmaler Andrej Rublew (1360/70–1427/30) gefertigte Ikone »Der Erlöser« innerhalb der Darstellung des Jüngsten Gerichts, wo links von dem Gericht haltenden Christus die sitzende Maria und rechts der sitzende Johannes Baptista für die verstorbenen Seelen Fürbitte leisten ›Deesis-Motiv‹, zu sehen in der berühmten Tretjakow-Galerie in Moskau.

8. Man wagt kaum, zu glauben, was Paul Badde hier wiedergibt. Am Schluss des Buches der Mittelpunkt!

9. »Mann und Frau den Mond betrachtend«: eines der signifikanten Bilder der Romantik. Caspar David Friedrich (1774–1840), Berlin, SMB (Staatliche Museen zu Berlin), Nationalgalerie.

10. Die Moderne erwacht mit Wassily Kandinsky (1866–1944). Dieser Holzschnitt mit dem Titel »Mondnacht« ist auch in der Tretjakow-Galerie zu sehen. Er ist nun nicht ganz typisch für Kandinsky als dem Künstler vor allem der abstrakten Kunst.

11. Wie auch immer es sein mag: Die Außenansicht der Kapelle Notre-Dame-du-Haut (1955; Arch.: Le Corbusier) erinnert in der Gestaltung des Daches an die Dachform chinesischer Tempelstätten. Orient und Okzident begegnen sich vielleicht nicht nur militärisch auf dem Mond?

12. US-Mondlandung mit Apollo 11 (Neil A. Armstrong, Edwin E. Aldrir, Jr. Michael Collins) am 20.07.1969.

Literaturangaben

Wir geben zuerst[hier eine interessante Titelaufnahme einer sehr frühen Werkausgabe: mitbeteiligt an der Ausgabe ist der Schwiegersohn von Matthias Claudius: Friedrich Christoph Perthes, eine bedeutende Verlegerpersönlichkeit.

WANDSBECKER BOTE. – [CLAUDIUS, Matthias]: ASMUS omnia sua SECUM portans, oder Sämmtliche Werke des Wandsbecker Bothen. 8 Teile in 7 Bänden. Breslau und Hamburg, Beym Verfasser, und in Commission bey G. Löwe, in Commission bey F. Perthes, N. C. Wörmer [1775]-1812. 8 Holzschnitt-Titelvignetten; 15 Kupfer auf Tafeln und im Text, davon 9 von Chodowiecki und Schellenberg; 2 Notentafeln, 12 Holzschnitte im Text.

Claudius Matthias: Werke. asmus omnia sua secum portans oder sämtliche Werke des Wandsbecker Boten. Stuttgart 1954

Badde, Paul: Das göttliche Gesicht: im Muschelseidentuch von Manoppello / Paul Badde. – Erweiterte Neuausgabe. – Kisslegg: Christiana-Verlag, 2011

Baltasar, Hans Urs von: Apokalypse der deutschen Seele. 3 Bde. Einsiedeln [u. a.] 1998 (allein vom Umfang ein erschlagendes Werk. »Herrlichkeit. Eine theologische Ästhetik« ist ein ebenso voluminöses Werk. Man findet am besten erst einmal Zugang über viele kleinere Werke, die in ihrer Dichte schon sehr aussagekräftig sind.)

Grünzinger, Eberhard: Stichwort Sonnenfinsternis. München 1999 (wird nur erwähnt als gute Lektüre zu Sonne, Mond und All)

Halder, Alois: Philosophisches Wörterbuch. Freiburg im Breisgau [u. a.] 2008 (ein selten gutes Lexikon der Philosophie!)

Heinrichs, Johannes: Logik des Sozialen. Varna [u. a.] 2005 von demselben Autor jüngst: Gelebte Reflexion. Schriften zur Reflexions-Systemtheorie. Baden-Baden 2019 (folgende Schlagworte charakterisieren seine Philosophie näherhin: Semiotik, Strukturalismus,Sozialphilosophie, Spiritualität) Sekundärliteratur zu ihm z. B.:

Müller, Max-Rudolf: Zu Ehren des Philosophen Johannes Heinrichs. Mit einem Anhang zu Karl Jaspers. Bonn 2019

Hemmerle, Klaus: Anfang bei der Zukunft: Anfang beim Vater, in: Hemmerle, Klaus: Brücken zum Credo. Glaubenswege, Freiburg i. Br. u. a. 1984, 144-166.

Hemmerle, Klaus: Dein Herz an Gottes Ohr. Einübung ins Gebet. München, Zürich, Wien 1999
(Hemmerle entwickelte einen eigenen Zugang zu Fragen der modernen Theologie über die Theologie von Bonaventura und später über die Phänomenologie.)

Kettling, Siegfried: Du gibst mich nicht dem Tode preis: biblisch-theologische Grundlegung und persönliche Erfahrung. Wuppertal, Zürich 1990

Moore, Ben: Mond. Eine Biografie. Aus dem Englischen von Katharina Blansjaar.
Zürich 2019

Pascal, Blaise: Gedanken über die Religion und einige andere Themen. Stuttgart 1977

Phänomenologie und Theologie im Gespräch. Bausenhart, Guido [Hrsg.]. Freiburg [u. a.] 2013

Philberth, Karl: Geschaffen zur Freiheit. 2. Aufl. Plumpton: BAC Austria, 1988.- ISBN 0–9585578–5-3 (Auslieferung: fe-Medien-verlag, 88353 Kißlegg, www.fe-medien.de)

Richter, Gottfried: Ideen zur Kunstgeschichte: die Kunstgeschichte als ein Spiegel der Menschheitsentwicklung. München 2006

Rothemund, Boris: Handbuch der Ikonenkunst. München 1966

Schreyer, Lothar: Erinnerungen an Sturm und Bauhaus: was ist des Menschen Bild? Lewiston, N.Y. Lampeter: Edwin Mellen, 2002

Seume, Johann Gottfried: Spaziergang nach Syrakus im Jahre 1802. Frankfurt am Main, Leipzig 2019

Skrobucha, Heinz: Die Botschaft der Ikonen. Ettal 1965

Spinoza, Benedikt de: Die Ethik: lateinisch/deutsch. Stuttgart 2017

Stiglmayr, Josef (Hg.): Des heiligen Dionysius Areopagita angebliche Schriften über die beiden Hierarchien. Aus dem Griechischen übersetzt und mit Erläuterungen versehen von Josef Stiglmayr S. J. – Kempten und München 1911

Wildiers, Norbert M.: Weltbild und Theologie vom Mittelalter bis heute. Zürich [u. a.] 1974 (wird nur erwähnt als gute Lektüre – auch außerhalb der spezifischen Fragestellung des Buches – z. B. zu Kopernikus, Kepler, Newton und auch Darwin)

Internet-Adressen zu Teil II

[1] https://www.tagesschau.de/ausland/al-bagdadi-109.html

[2] https://www.heise.de/ix/meldung/Alibaba-Cloud-Konkurrenz-aus-China-fuer-Amazon-Google-und-Co-4289380.html

[3] https://www.katholisch.de/aktuelles/themenseiten/die-amazonas-synode

[4] https://de.wikipedia.org/wiki/Bilderberg-Konferenz

[5] https://de.wikipedia.org/wiki/Bitcoin

[6] https://en.wikipedia.org/wiki/Liu_Cixin

[7] https://en.wikipedia.org/wiki/Digital_currency

[8] https://www.sueddeutsche.de/digital/gaiax-altmaier-cloud-eu-digitalgipfel-1.4660662

[9] https://de.wikipedia.org/wiki/Fake_News

[10] https://de.wikipedia.org/wiki/Nuklearkatastrophe_von_Fukushima

[11] http://www.kath-info.de/genderkritik.html

[12] https://de.wikipedia.org/wiki/Gentrifizierung

[13] https://www.handelsblatt.com/politik/deutschland/wsi-verteilungsbericht-einkommen-in-deutschland-sind-so-ungleich-verteilt-wie-nie-zuvor/25088432.html

[14] https://de.wikipedia.org/wiki/Hashtag

[15] https://de.wikipedia.org/wiki/Huawei

[16] https://www.handelsblatt.com/politik/international/impeachment-ermittlungen-us-demokraten-laden-trump-zu-anhoerung-ein-weisses-haus-ueberdenkt-einladung/25273268.html

[17] https://de.wikipedia.org/wiki/Joshua_Wong

[18] https://de.wikipedia.org/wiki/Lethal_autonomous_weapon

[19] https://www.n-tv.de/wissen/Chinesen-klonen-erstmals-genmanipulierten-Affen-article20825492.html

[20] https://de.wikipedia.org/wiki//Künstliche_Intelligenz

[21] https://de.wikipedia.org/wiki/Kybernetik

[22] https://de.wikipedia.org/wiki/Libra_Internetwährung

[23] https://www.n-tv.de/wissen/fundsache/3500-Jahre-alte-Saerge-in-Agypten-entdeckt-article21422518.html

https://www.kurier.de/inhalt.3500-jahre-alt-archaeologen-entdecken-im-aegyptischen-luxor-holzsaerge.7ce8def1–3c56–4cd3–8ca6–42752e396bb6.html

[24] https://de.wikipedia.org/wiki/Mondlandung

[25] https://www.faz.net/aktuell/rhein-main/region-und-hessen/gedenken-in-der-schule-hanau-ehrt-alptug-soezen-postum-16427521.html

26 https://de.wikipedia.org/wiki/Himmelsscheibe_von_Nebra

https://www.zeit.de/gesellschaft/zeitgeschehen/2019–04/notre-dame-de-paris-frankreich-feuer-emmanuel-macron-kathedrale

27 https://de.wikipedia.org/wiki/Terroranschläge_am_11._September_2001

28 https://www.zeit.de/gesellschaft/zeitgeschehen/2019–04/notre-dame-de-paris-frankreich-feuer-emmanuel-macron-kathedrale

29 https://www.kino.de/film/parasite-2019/

30 https://de.wikipedia.org/wiki/Quantencomputer

31 https://de.wikipedia.org/wiki/Radiokarbonmethode

32 https://www.br.de/radio/bayern1/reinhard-schneider-interview-100.html

33 https://www.capital.de/wirtschaft-politik/was-sie-ueber-die-neue-seidenstrasse-wissen-muessen

34 https://www.tagesspiegel.de/gesellschaft/panorama/nach-riskantem-selfie-frau-erhaelt-lebenslanges-kreuzfahrt-verbot/25137422.html

35 https://web.de/magazine/panorama/thai-koenig-rama-x-wirft-ex-gclicbtc-gcfaengnis-34145294

36 https://de.wikipedia.org/wiki/Skype

37 Peter Mühlbauer, KI als werdender Gott, 2017 – Onlinemagazin)

38 https://de.wikipedia.org/wiki/Taifun_Hagibis

[39] Peter Mühlbauer, KI als werdender Gott, 2017 – Onlinemagazin

[40] https://www.spiegel.de/wirtschaft/service/thomas-cook-pleite-wie-sie-geld-zurueckbekommen-a-1298985.html

[41] Wikipedia https://de.wikipedia.org/wiki/Venus_vom_Hohlefels

[42] https://de.wikipedia.org/wiki/Voodoo

[43] https://www.infranken.de/ueberregional/blaulicht/verheerender-unfall-in-waltrop-minderjaehriger-kracht-mit-400-ps-auto-gegen-baum-15

[44] https://de.wikipedia.org/wiki/Whistleblower

[45] https://de.wikipedia.org/wiki/Yahoo

[46] https://www.tagesspiegel.de/wirtschaft/export-geht-zurueck-china-bekommt-die-auswirkungen-der-us-zoelle-zu-spueren/25312274.html